U0881411

山东省精品课程

高职高专“十一五”规划教材

机械识图与制图习题集

沈 梅　赵 娟　主编
李世伟　主审

化学工业出版社
·北京·

本书为沈梅、赵娟主编的项目教材《机械识图与制图》的配套习题集，按标题号与教材各项目对应使用。

本书在内容的选择上，按照课程改革的要求，与教材紧密结合，在数量和难度方面留有一定的选择余地，以满足不同学时、不同要求的课程使用。

本书适用于高职高专机械类、近机械类专业的制图课配套教材，也可作为在职职工岗位培训及自学时练习使用。

图书在版编目(CIP)数据

机械识图与制图习题集/沈梅，赵娟主编．—北京：化学工业出版社，2008.6(2016.10 重印)
高职高专“十一五”规划教材
ISBN 978-7-122-03290-4

Ⅰ. 机… Ⅱ. ①沈…②赵… Ⅲ. ①机械图-识图法-高等学校：技术学院-习题②机械制图-高等学校：技术学院-习题 Ⅳ. TH126.1-44 TH126-44

中国版本图书馆 CIP 数据核字（2008）第 102161 号

责任编辑：高 钰 王金生 任海蓬　　装帧设计：周 遥
责任校对：陶燕华

出版发行：化学工业出版社(北京市东城区青年湖南街 13 号 邮政编码 100011)
印　刷：北京永鑫印刷有限责任公司
装　订：三河市宇新装订厂
787mm×1092mm 1/16 印张 9¼ 字数 256 千字 2016 年 10 月北京第 1 版第 5 次印刷

购书咨询：010-64518888(传真：010-64519686) 售后服务：010-64518899
网　址：http://www.cip.com.cn
凡购买本书，如有缺损质量问题，本社销售中心负责调换。

定　价：19.00 元
版权所有 违者必究

前　　言

本习题集与沈梅、赵娟主编的《机械识图与制图》配套使用，适用于高职高专机械类、近机械类专业；也可作为在职职工岗位培训及自学用书。

本习题集的主要特点：

1. 在选题上力求符合学生的认识规律，由浅入深，前后衔接，逐步提高。

2. 在习题的数量和难度方面有一定的选择余地，以满足学时不司、课程要求不同的学生需要，便于发挥学生的潜能和因材施教。

3. 内容编排与教材的项目序号一致。

参加本习题集编写的人员及分工如下：项目四、项目六由沈梅编写；绪论、项目二、项目八由赵娟编写；项目三、项目九由刘建国编写；项目一、项目十由谢蕾编写；项E五、项目七由孙术华编写；项目十一由李福伟编写。全书由沈梅、赵娟担任主编，刘建国、谢蕾担任副主编，由李世伟担任主审。

本书的编写工作，得到了各有关院校的大力支持，在此谨向他们致以诚挚的谢意。

由于编者水平所限，加之时间仓促，书中的不妥之处在所难免，恳请有关专家、同仁和广大读者批评指正。

编　者

2008 年 5 月

目　录

绪　　论

0-1　在 CAD 中用坐标输入法绘制下图

1.

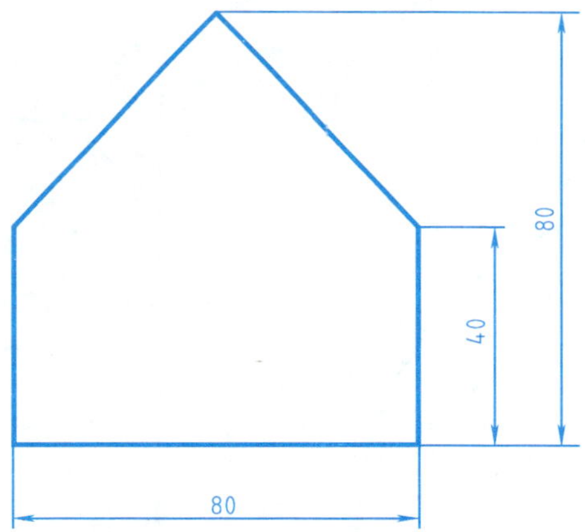

2.

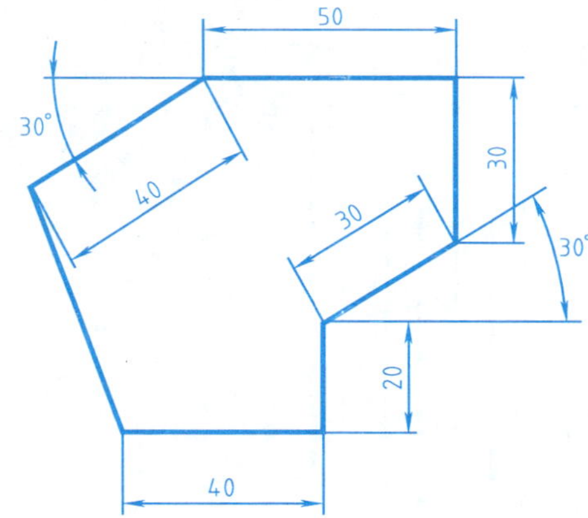

3.

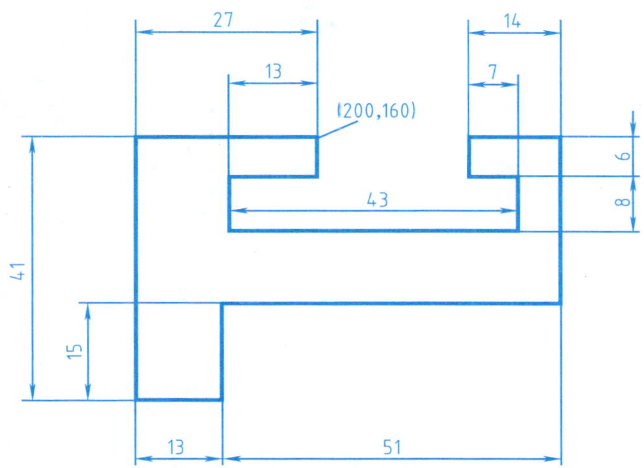

4.

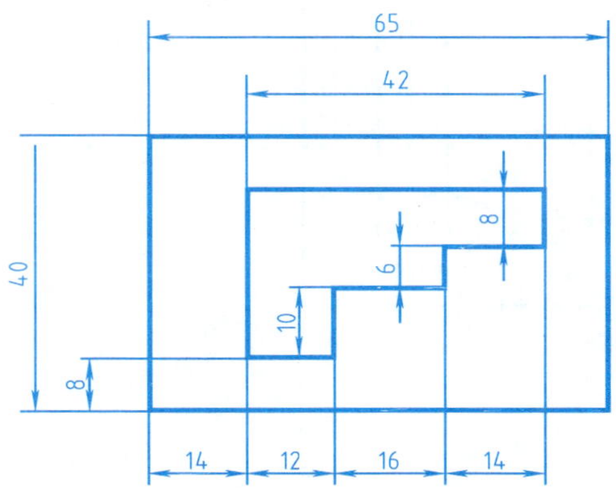

班级　　　　　　姓名

项目一　机械图样中国家标准的基本规定

1-1　图线练习

绘制下面图形。

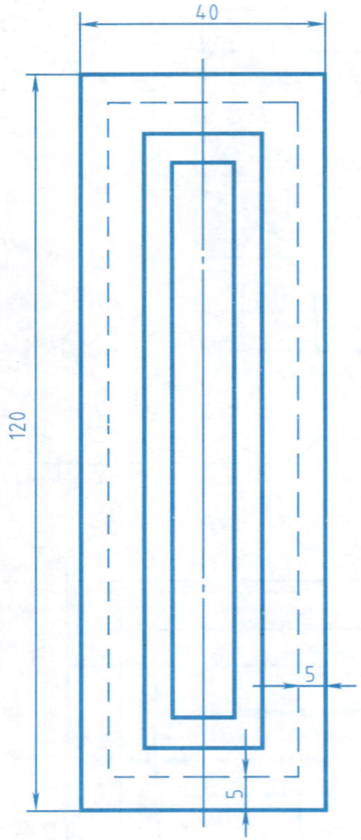

图 1

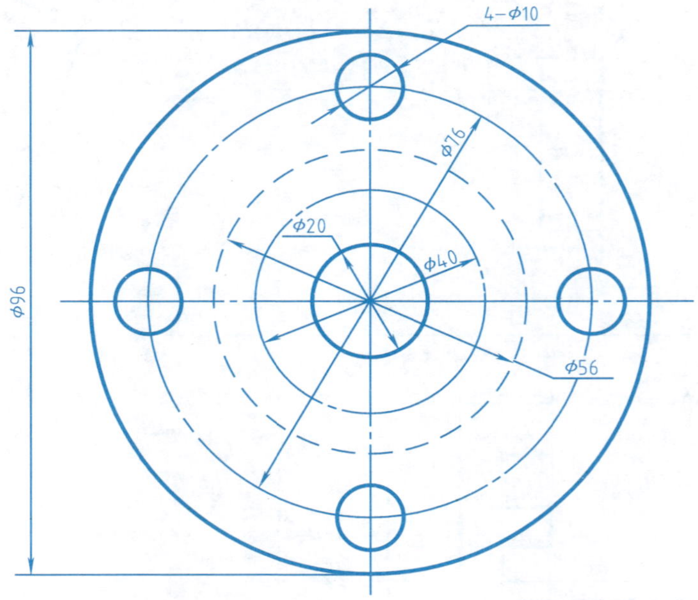

图 2

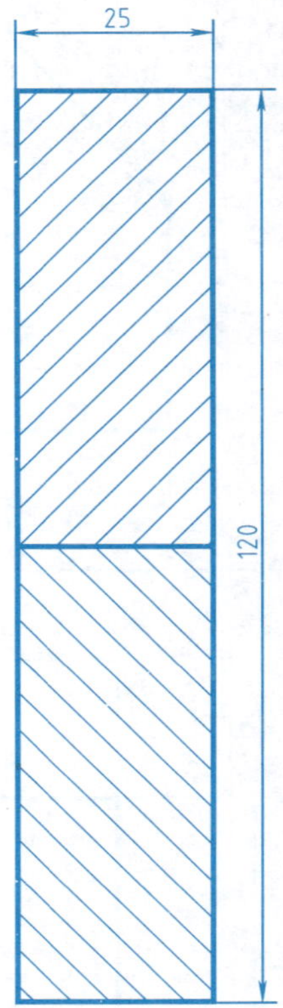

图 3

班级　　　　　姓名

书写下面汉字。

机 械 工 程 制 图 基 本 知 识 视 图 校 核

尺 寸 标 注 形 体 分 析 零 图 班 级 结 构 件

班级　　　　姓名

1-3　字体练习（二）

书写下面汉字、数字。

箱 体 为 支 架 泵 台 学 校 轴 承 漏 油 螺 纹 钉 齿 轮 花 键

0 1 2 3 4 5 6 7 8 9 Φ R

0 1 2 3 4 5 6 7 8 9 Φ R

班级　　　　姓名

1-4 尺寸标注（一）

将下列图形按 1∶1 量出数值（取整）并标注尺寸。

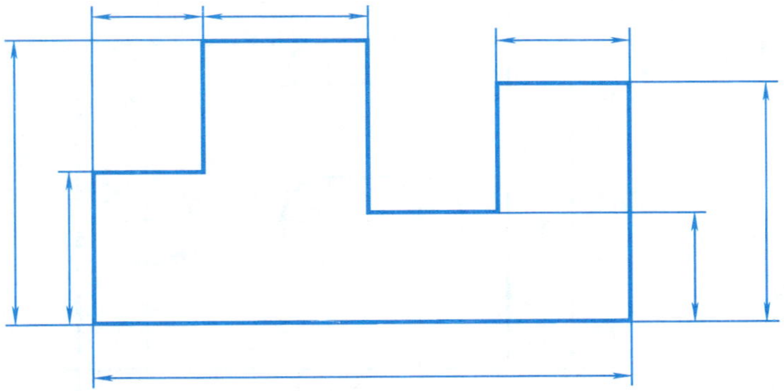

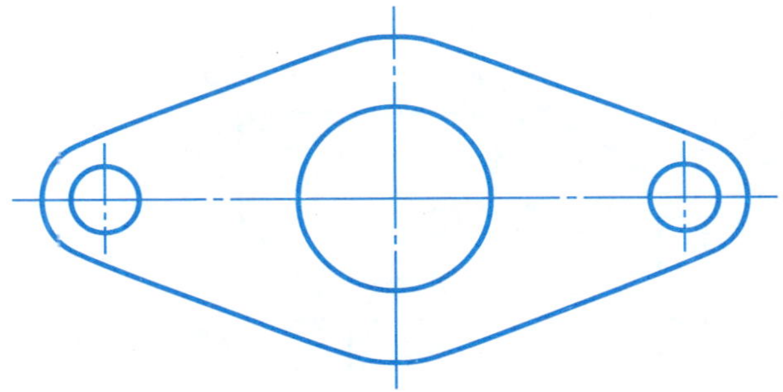

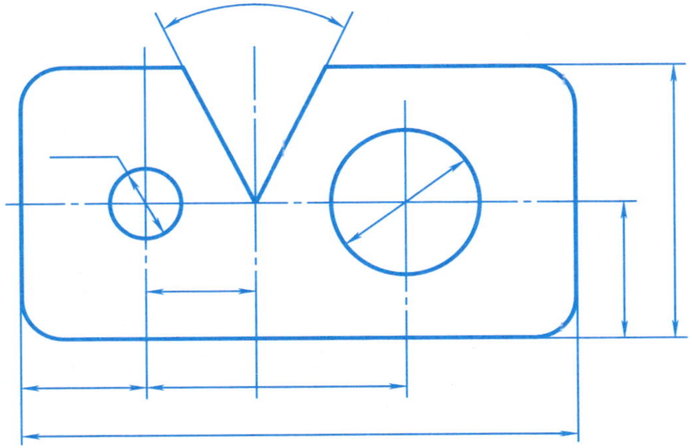

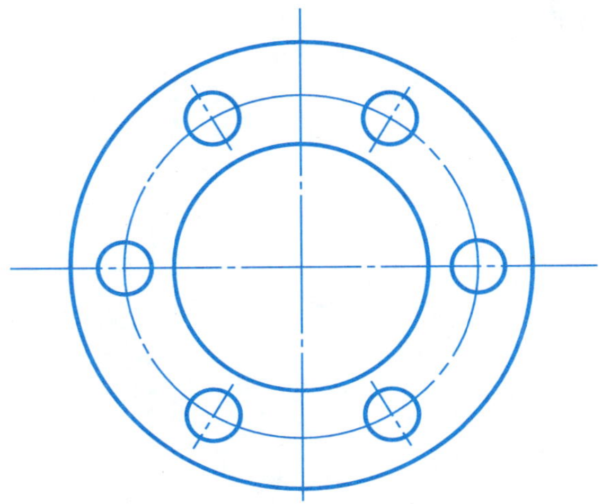

班级　　　　　　姓名

1-5 尺寸标注（二）

1.

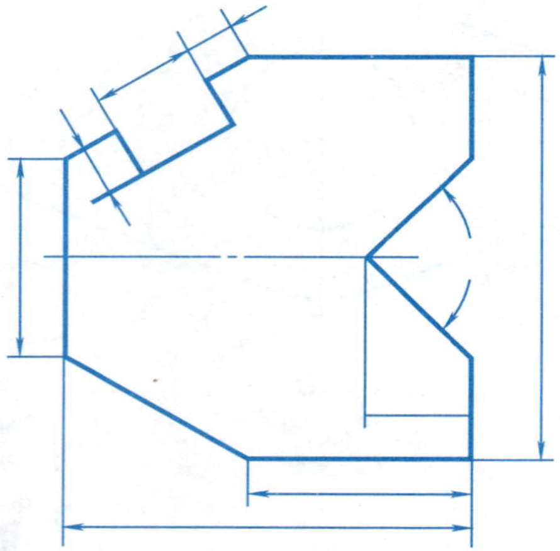

2.

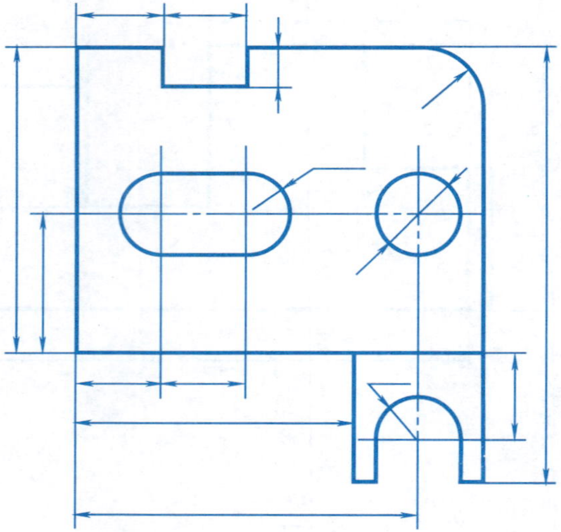

班级　　　　　姓名

1-6　标注直径

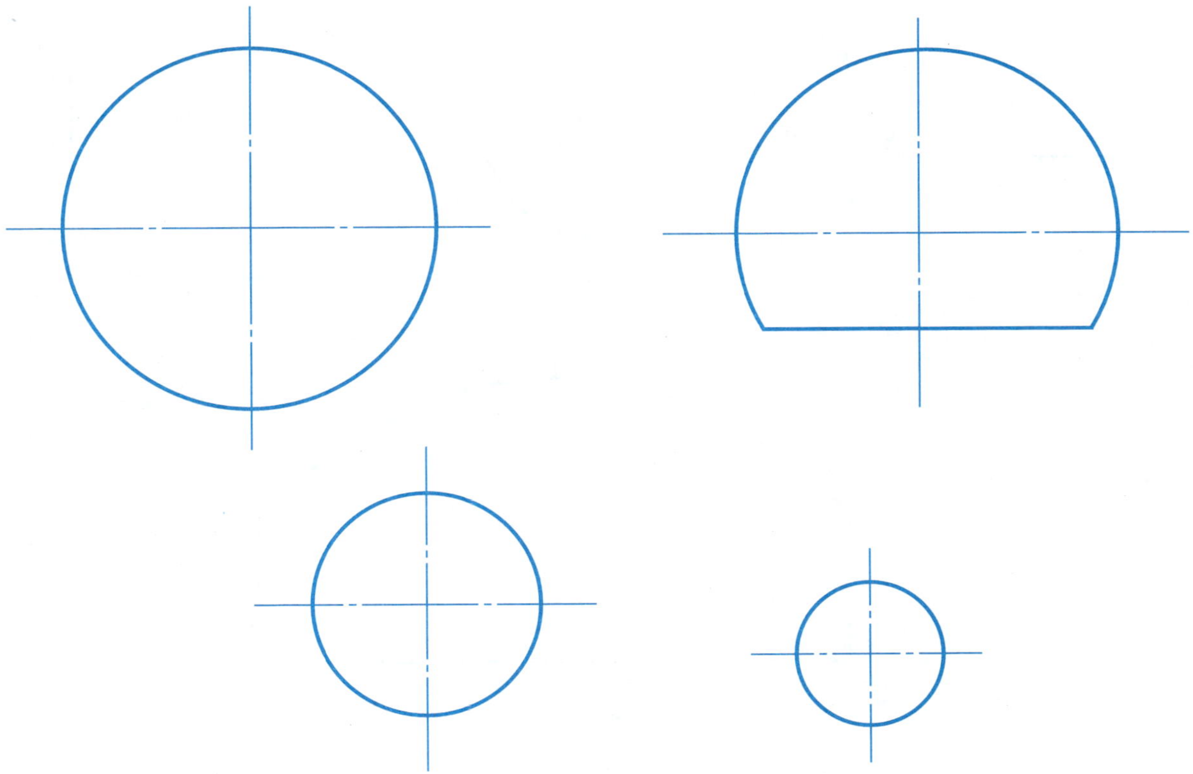

班级　　　　姓名

1-7　标注半径

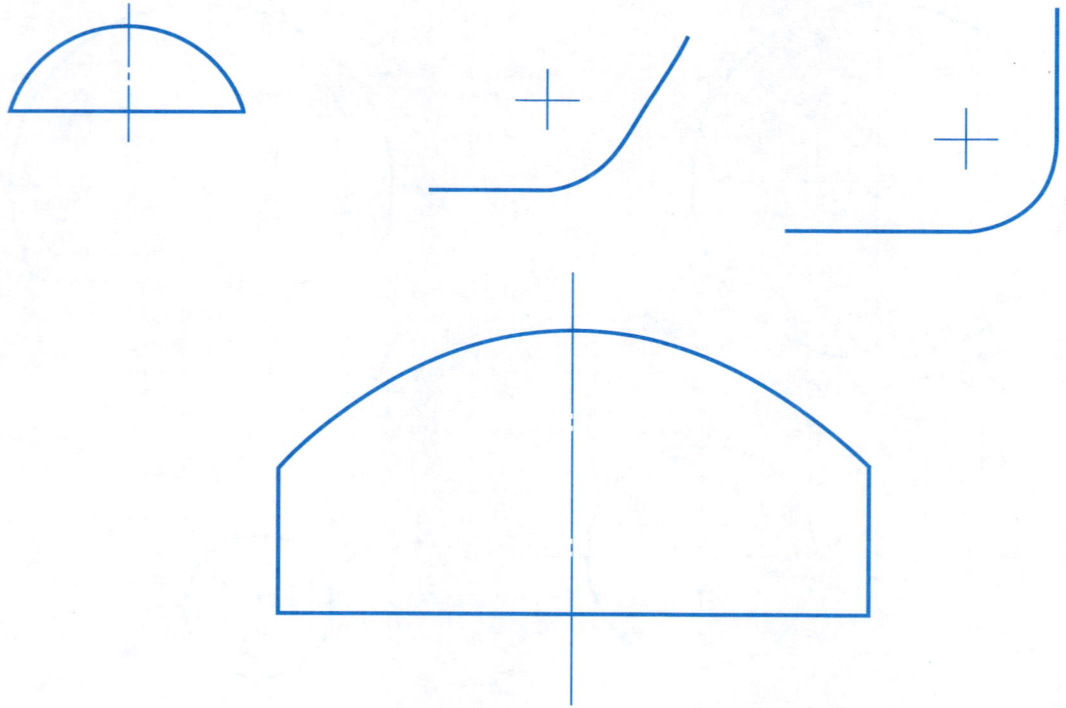

班级　　　　　　姓名

1-8 尺寸标注改错（将改正后的尺寸标在右侧的图上）

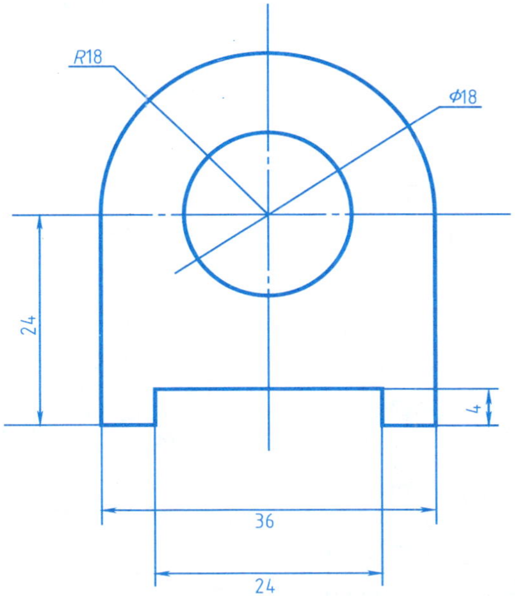

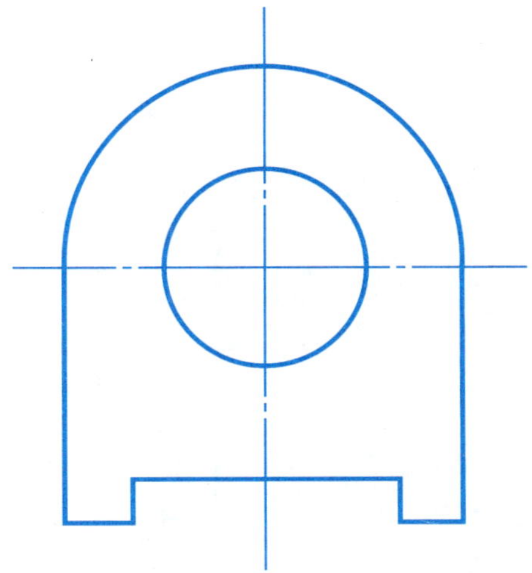

班级　　　　　　姓名

项目二　平面图形的绘制

2-1　几何作图练习

1. 将线段 AB 七等分。

2. 以 AB 为底边作正三角形。

3. 作圆内接正六边形。

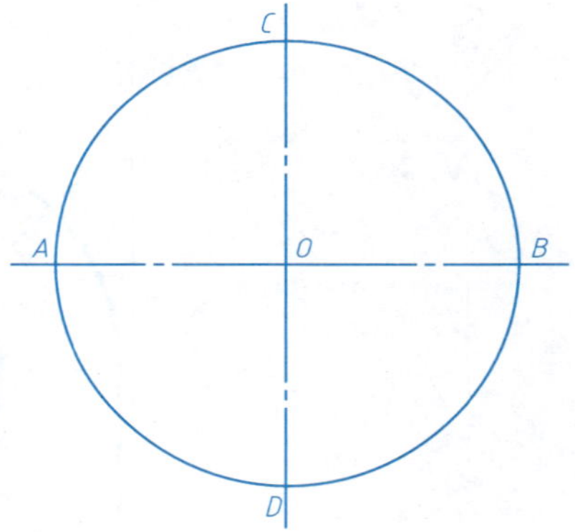

4. 作圆内接正五边形。

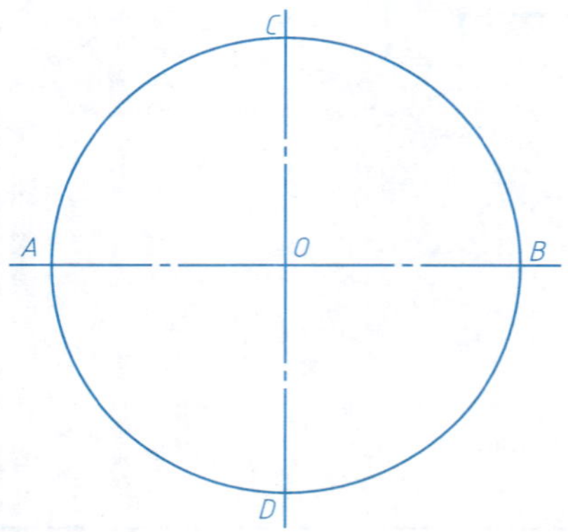

5. 参照右上角示意图，作 1∶9 斜度图形。

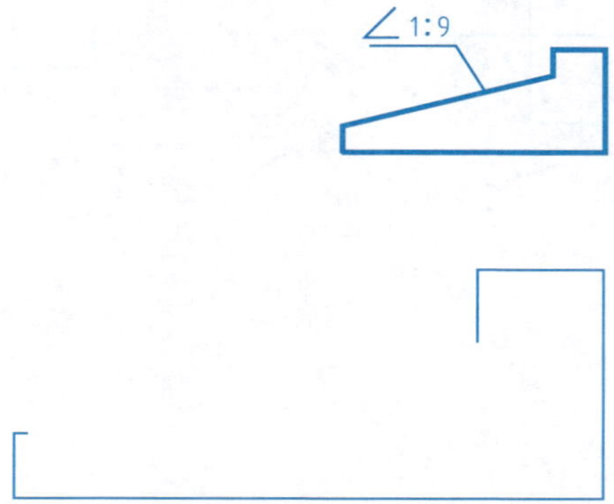

6. 参照右上角示意图，作 1∶3 锥度图形。

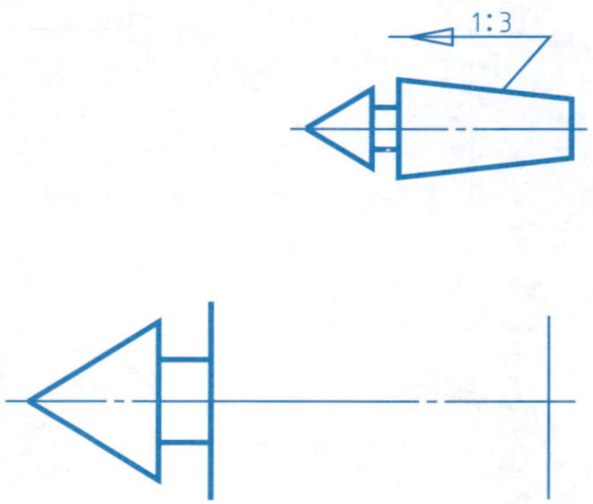

班级　　　　　　姓名

2-2 四心法绘制椭圆

按 1∶1 比例在给定位置完成下图。

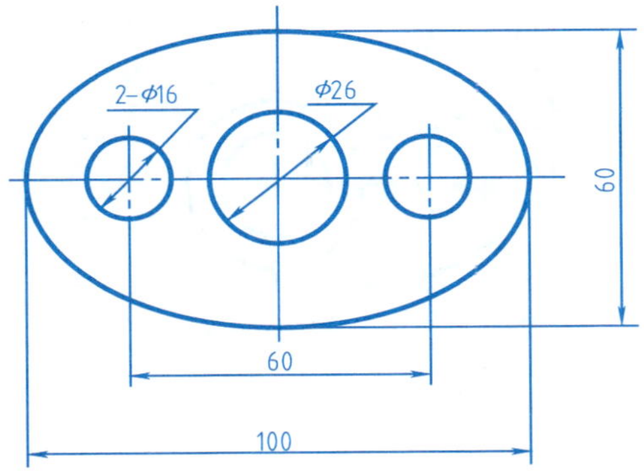

班级　　　　　　姓名

2-3 完成下列图形的线段连接（比例为 1 : 1），标出连接圆弧的圆心和切点

1.

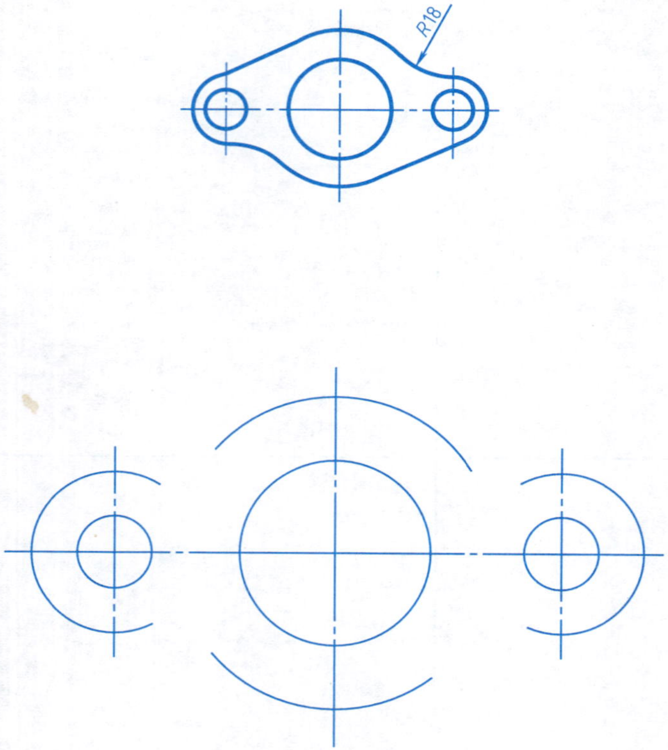

2.

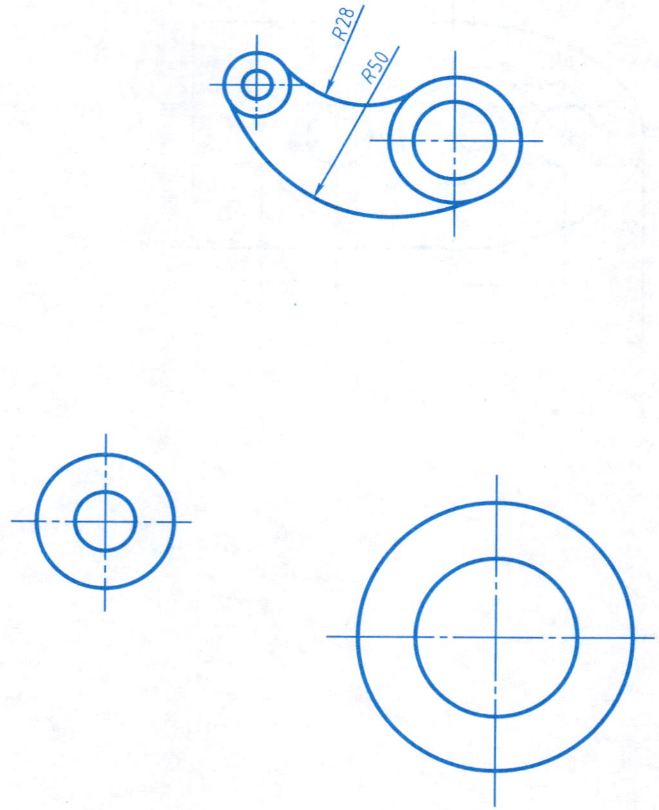

班级　　　　姓名

2-4　完成下列图形的线段连接（比例为 1：1）

1.

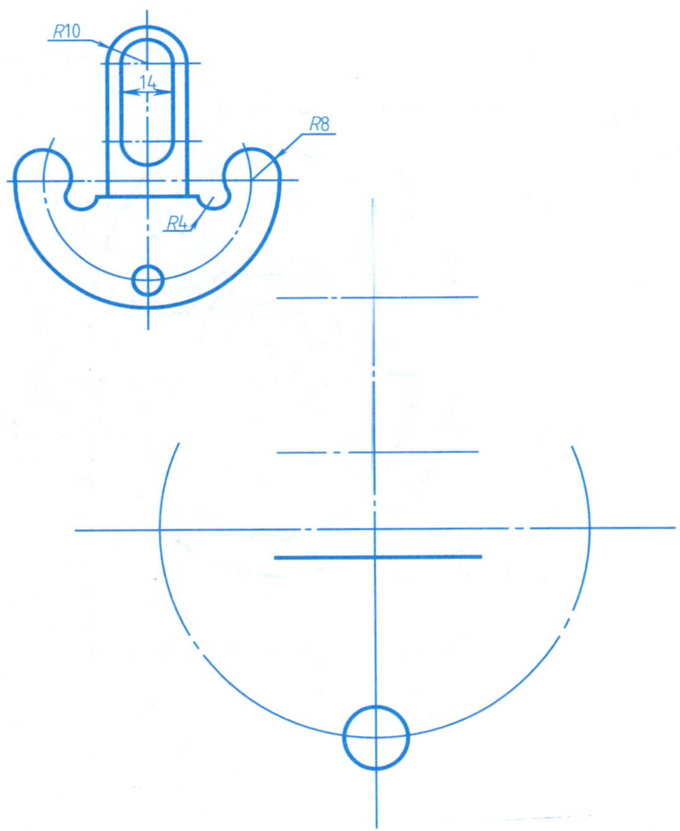

2.

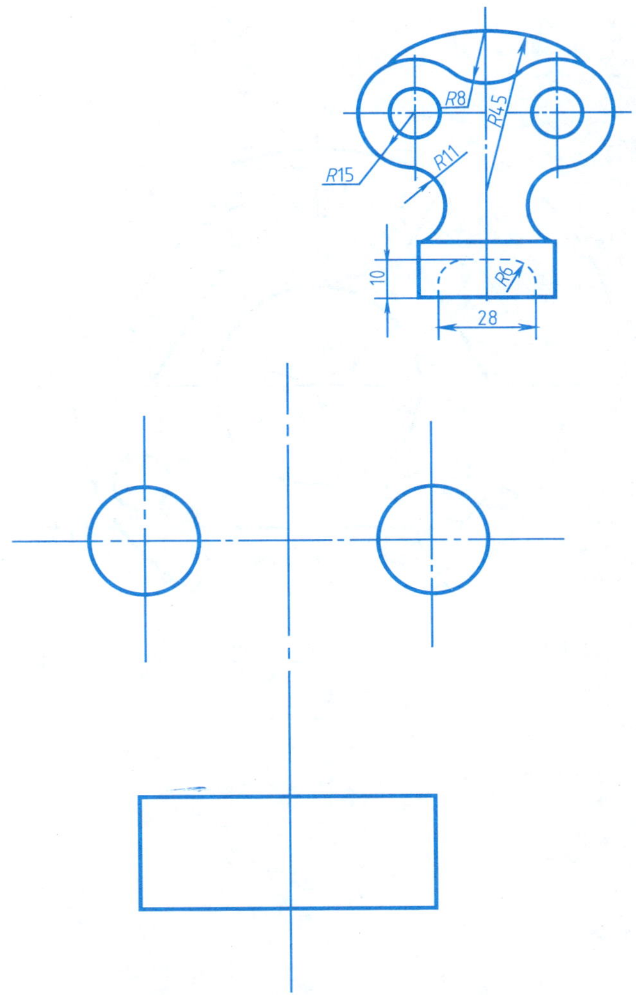

班级　　　　　　姓名

2-5 用 CAD 绘制下列图形（一）

1.

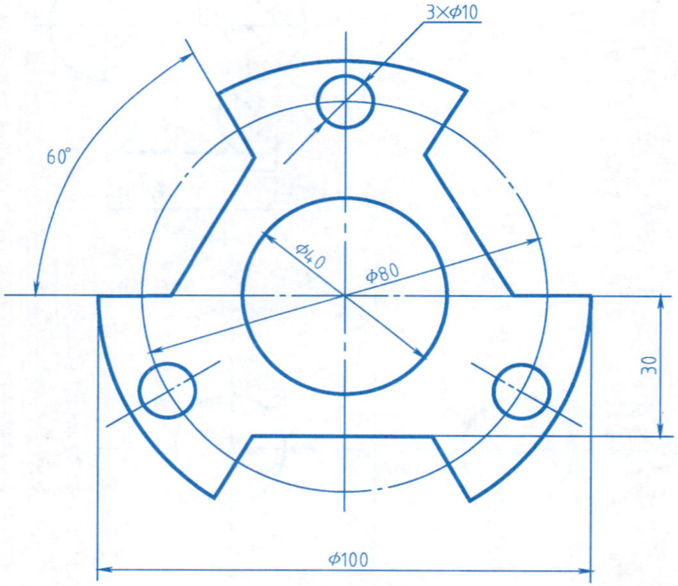

2.

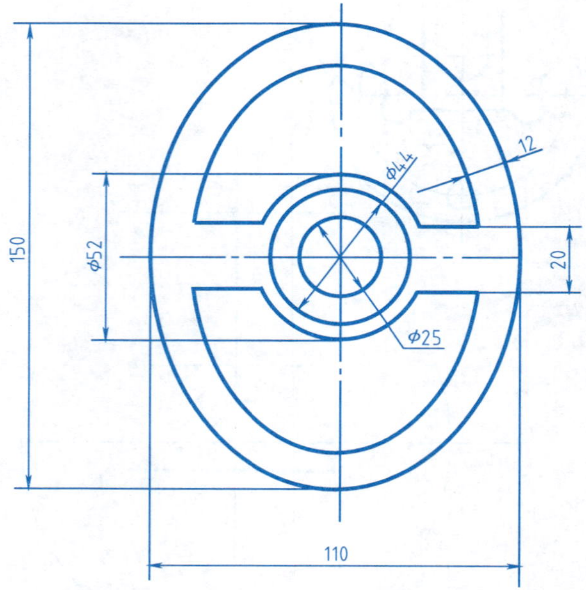

班级　　　　姓名

2-6 用 CAD 绘制下列图形（二）

1.

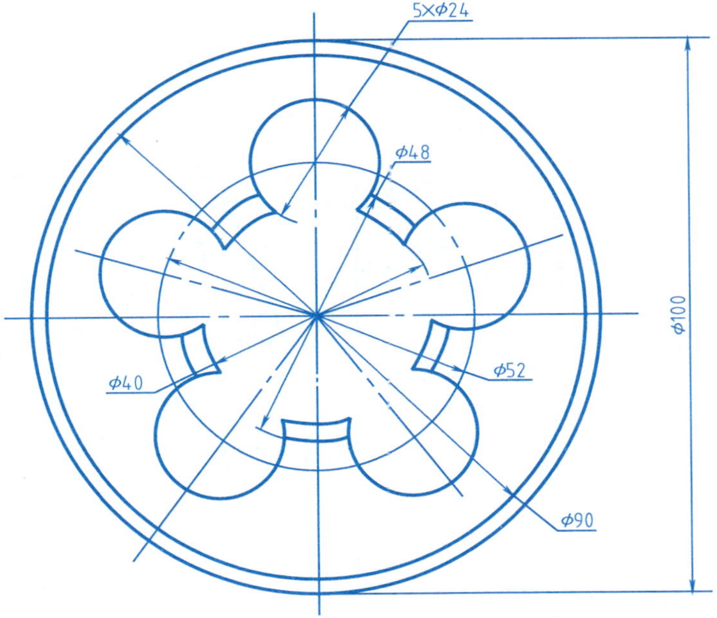

2.

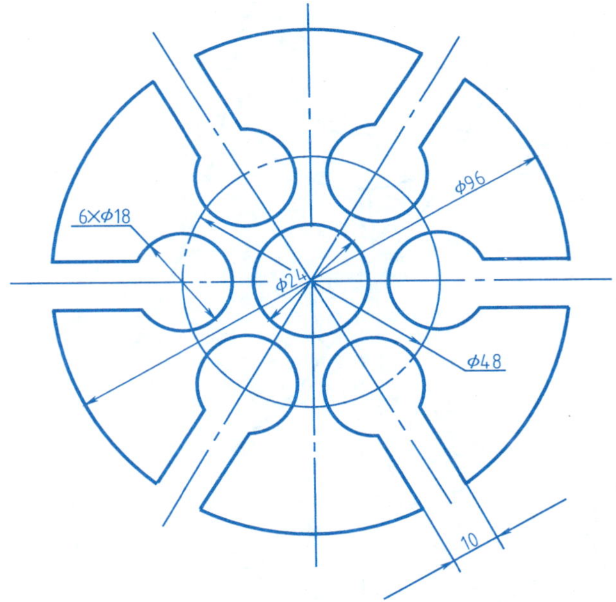

班级　　　　　　姓名

2-7　在 A4 图纸上绘制零件平面轮廓

1. 按比例 1∶2 画出如下图形，并标注尺寸。

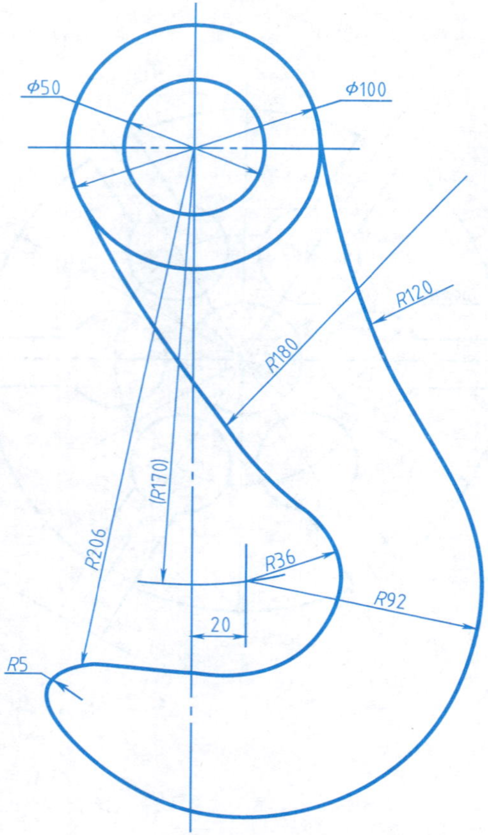

2. 按比例 1∶1 画出如下图形，并标注尺寸。

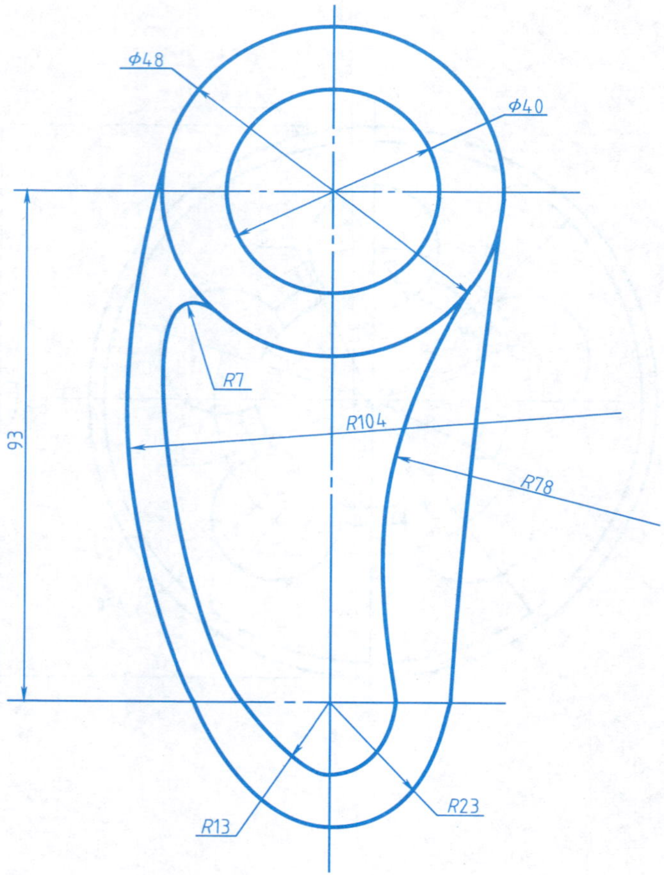

班级　　　　　姓名

2-8　用 AutoCAD 绘制下列图形（一）

1.

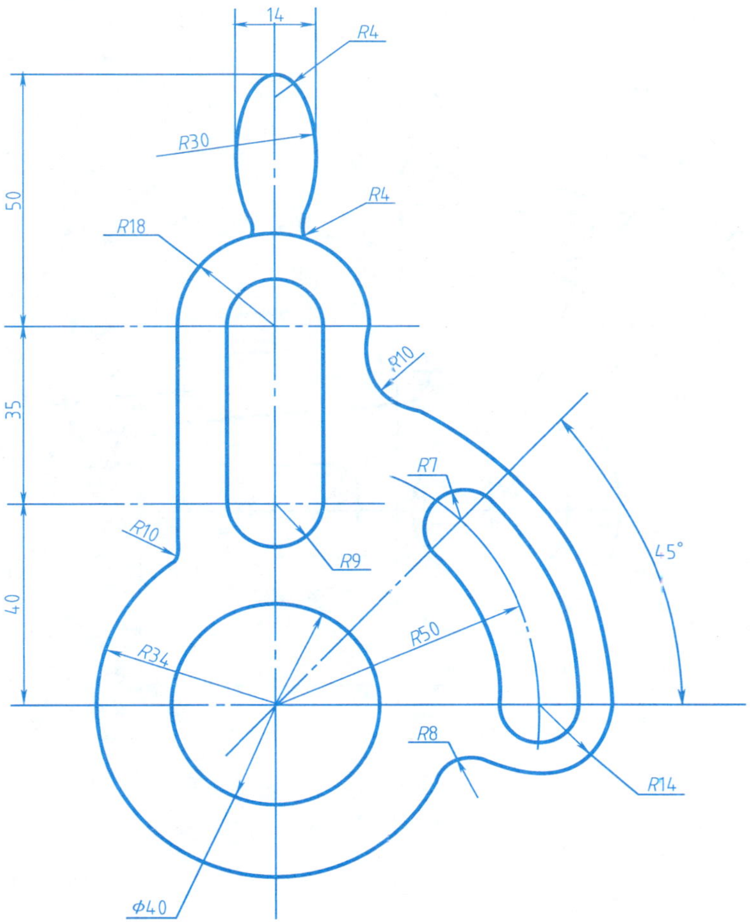

2.

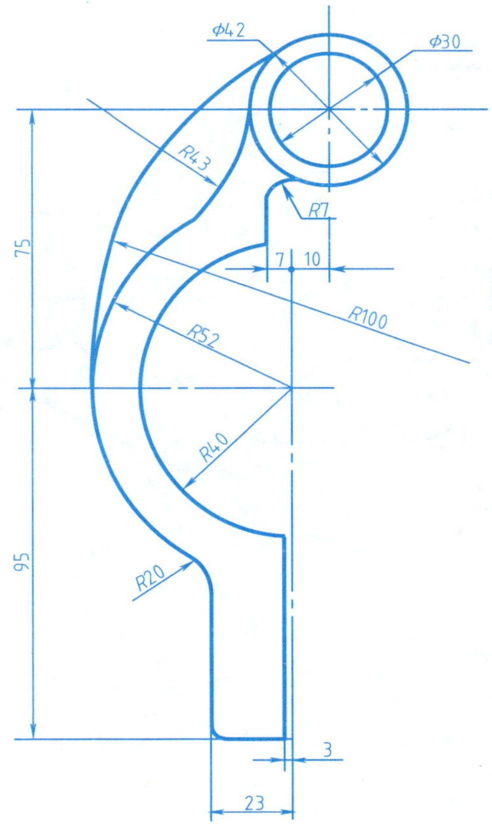

班级　　　　　　姓名

2-9 用 AutoCAD 绘制下列图形（二）

1.

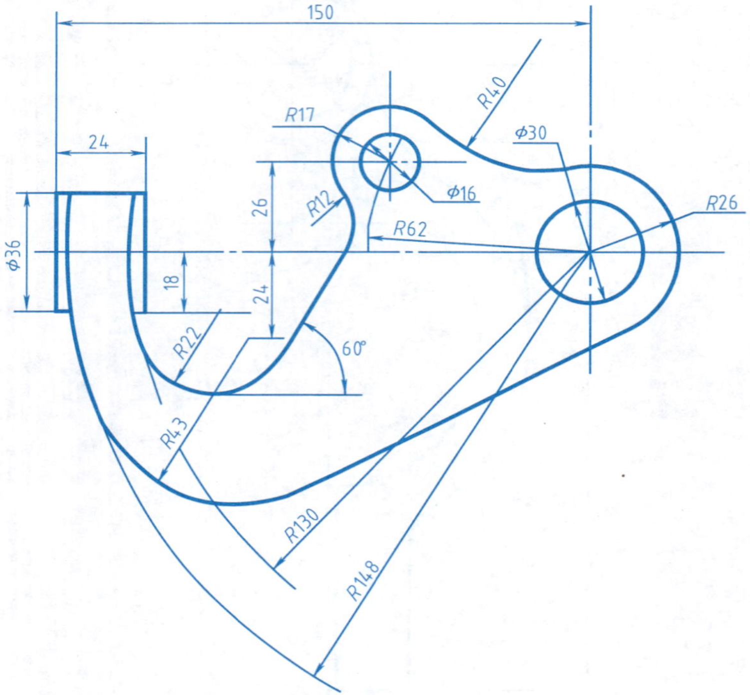

2.

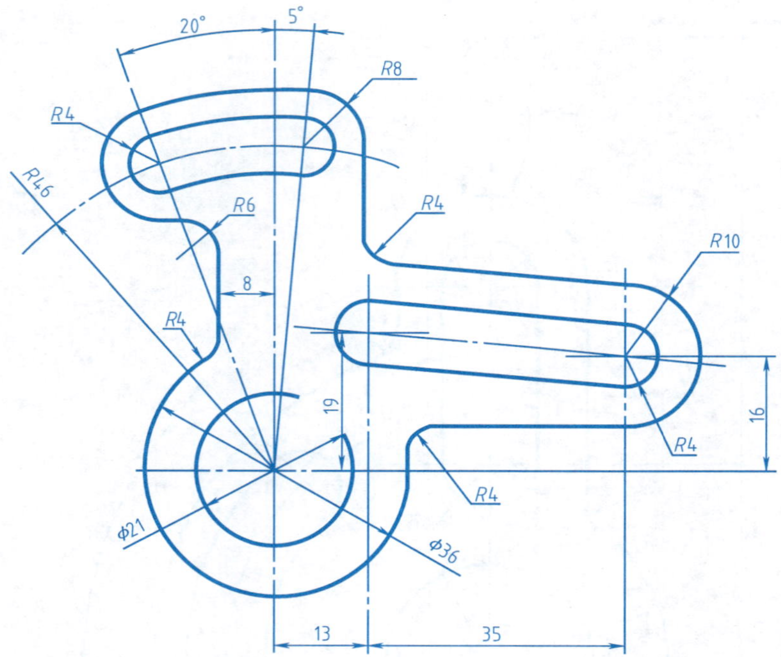

班级　　　　　　姓名

3-1　参照立体图，在三视图中填写视图的名称

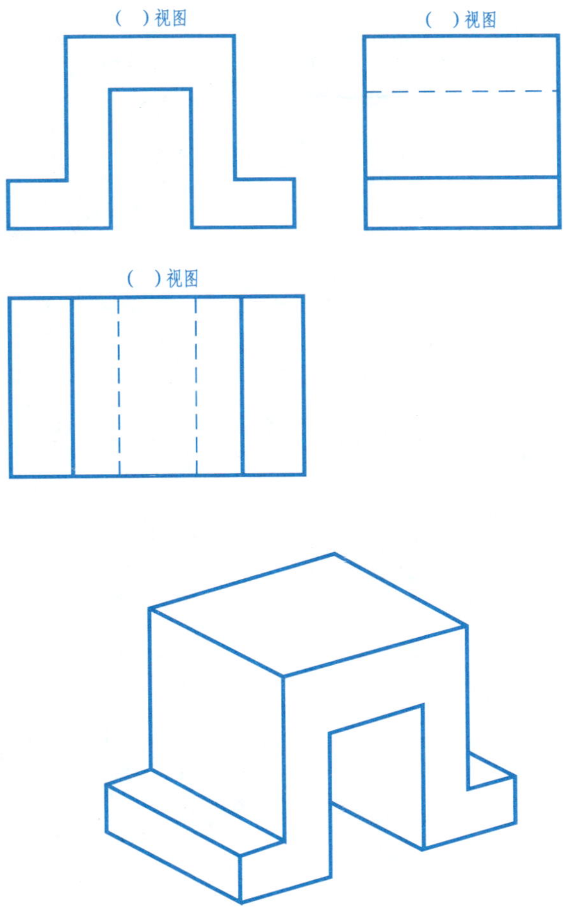

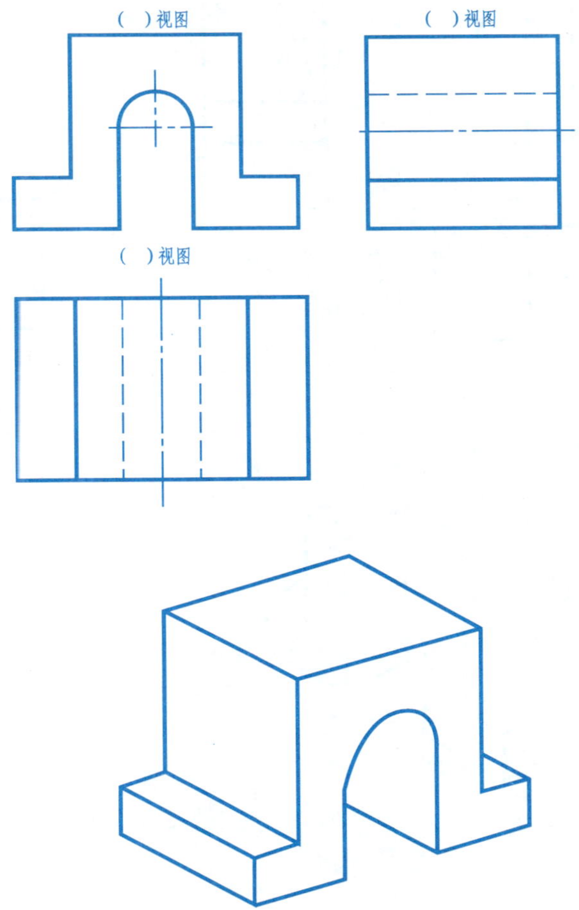

班级　　　　　　　姓名

3-2 参照立体图，在三视图中填写物体的方位

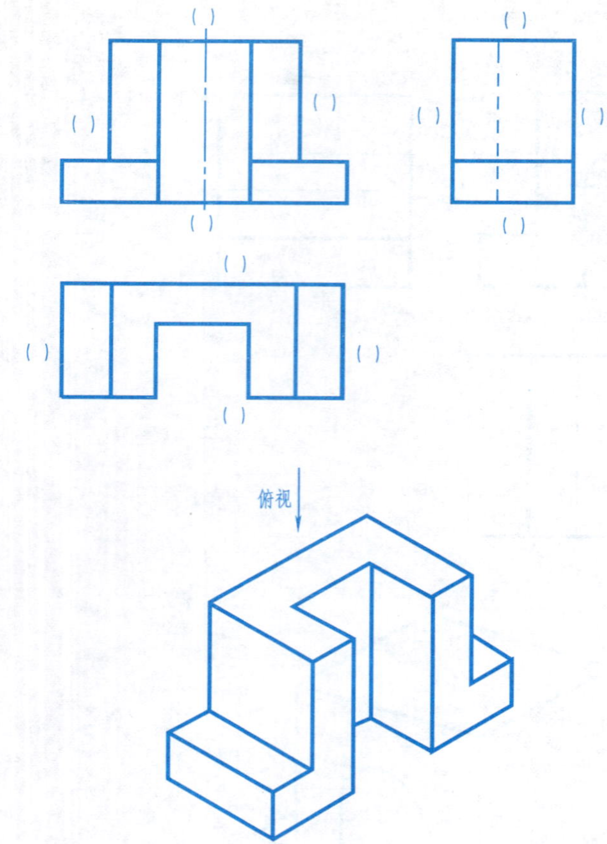

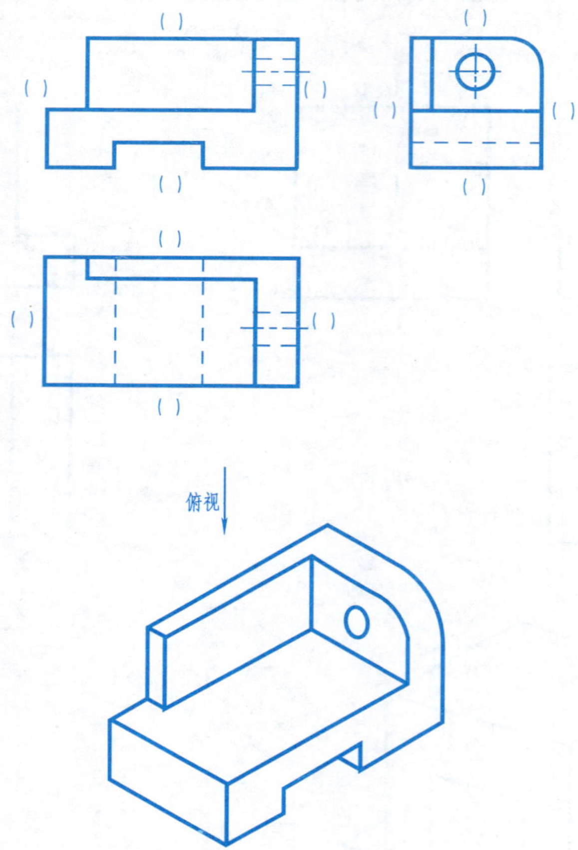

3-3 参照立体图，在三视图中填写长、宽、高的尺寸（尺寸从图中量取）

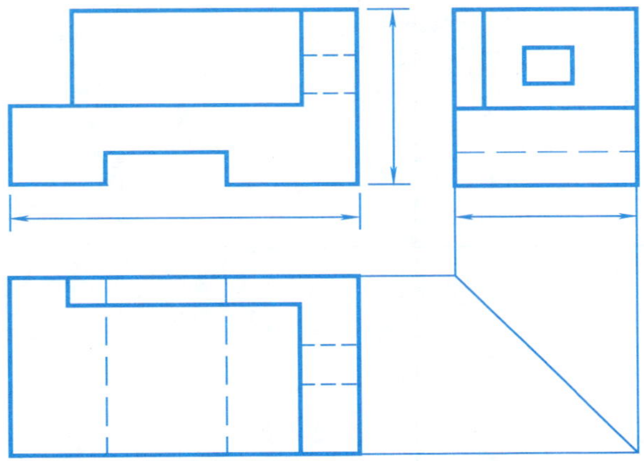

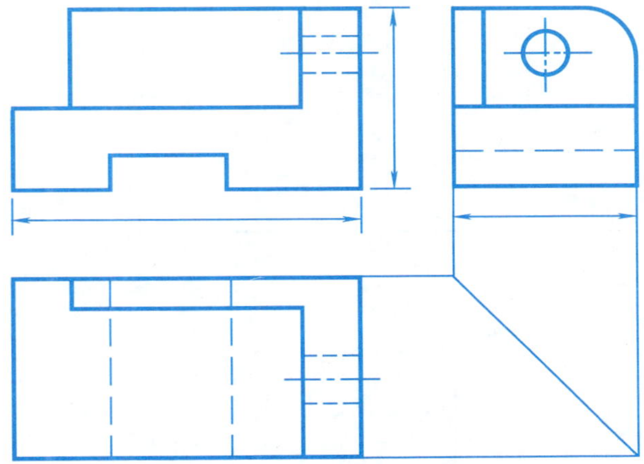

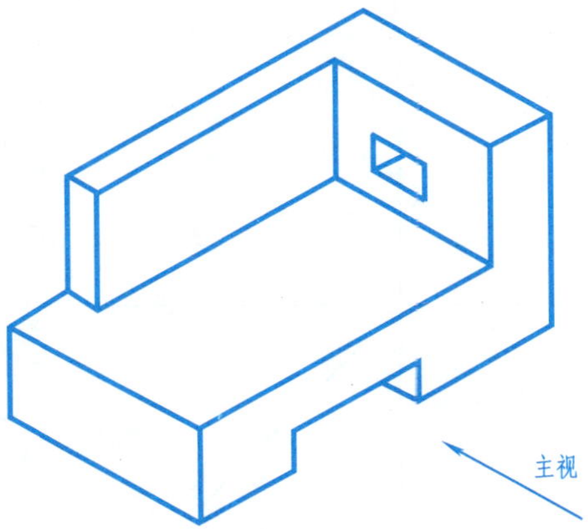

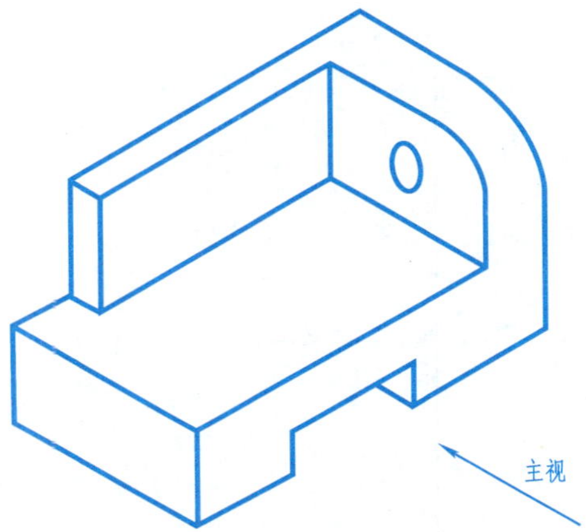

班级　　　　　　姓名

3-4 根据点的坐标，作出点的三面投影

1. A（30，20，15）

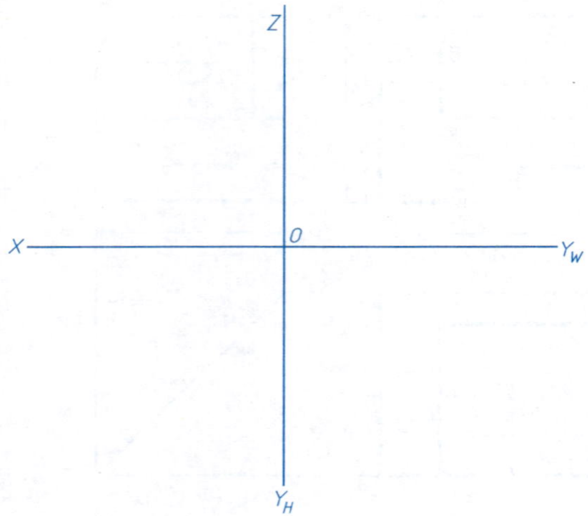

2. B（20，15，0）

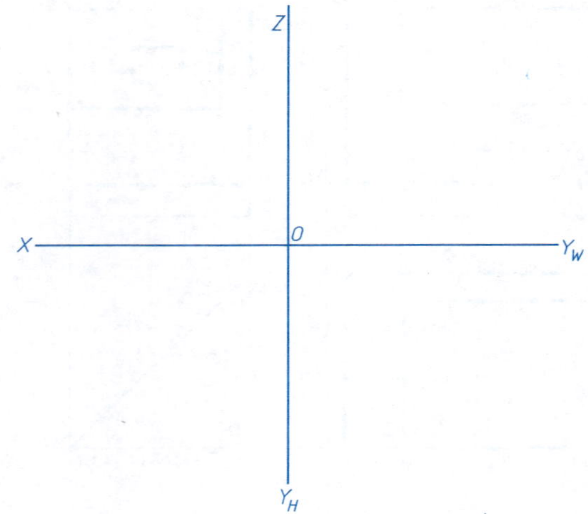

3. C（15，0，20）

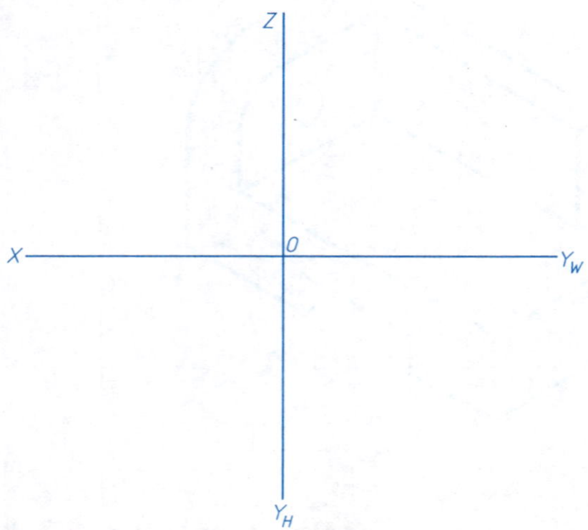

4. D（0，20，0）

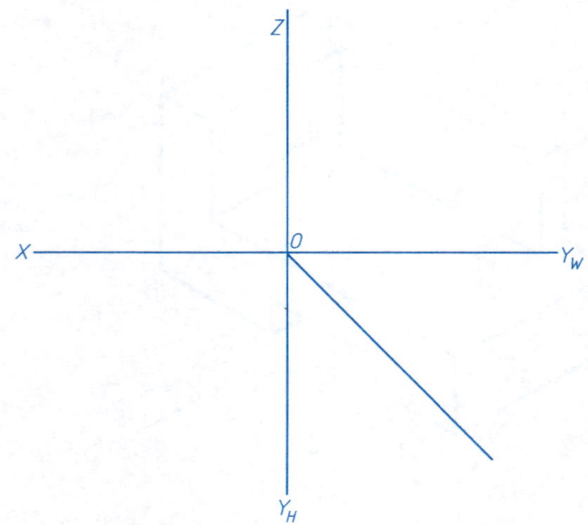

班级　　　　　姓名

3-5　点的投影

1. 已知点的两面投影，求第三投影。

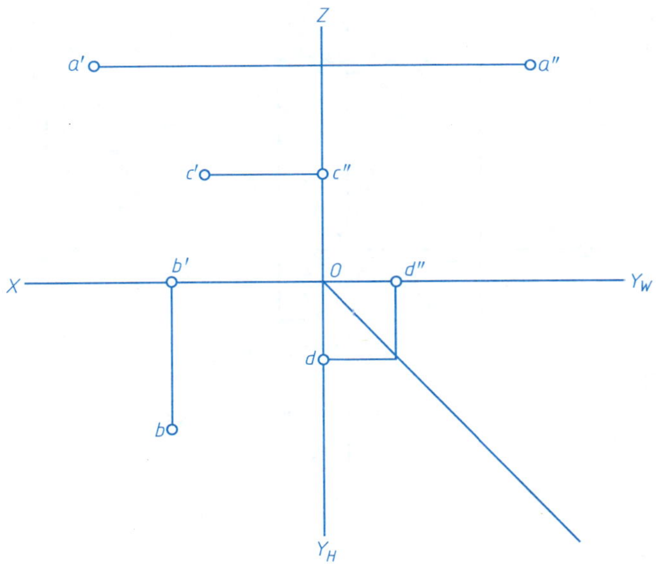

2. 按给定条件，补画所缺投影轴，并求 C、D 两点的第三投影。

（1）

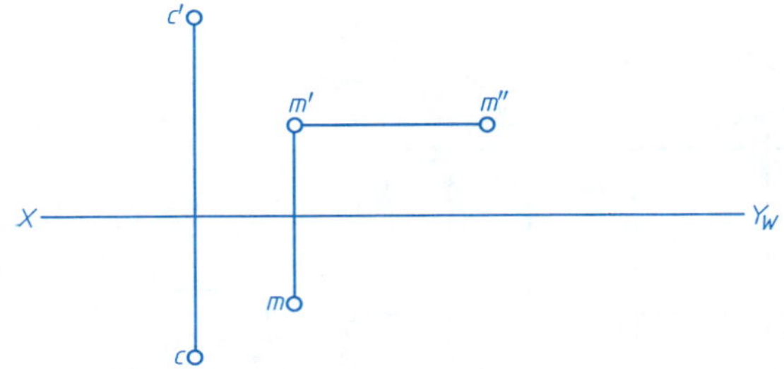

（2）

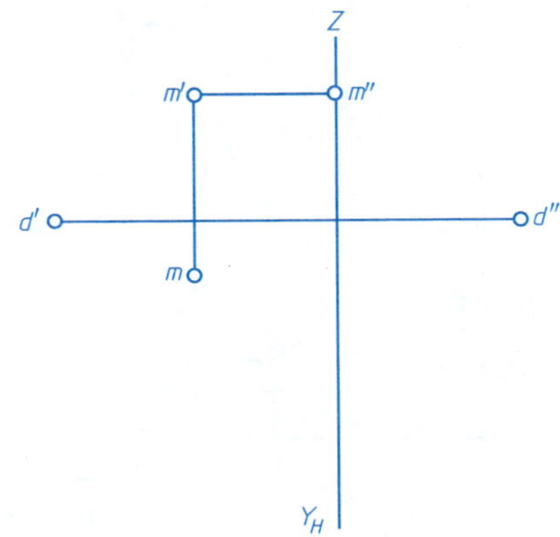

班级　　　　姓名

3-6 点的相对位置

1. 判断 A、B 点的相对位置，按上、下、左、右、前、后顺序填写。

(1)

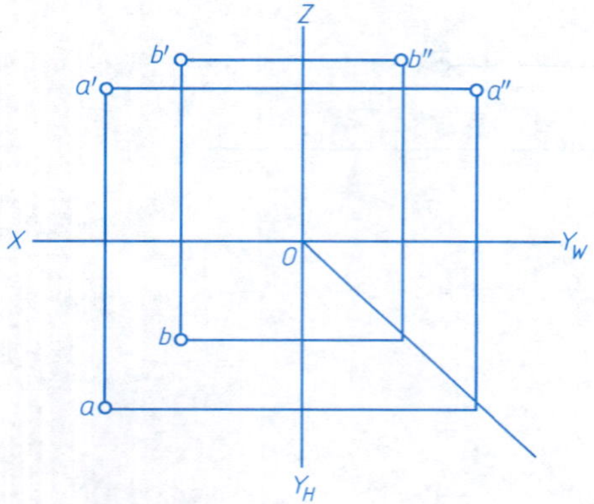

A 点在 B 点之________，A 点在 B 点之________，A 点在 B 点之________，A 点比 B 点靠前____mm。

(2)

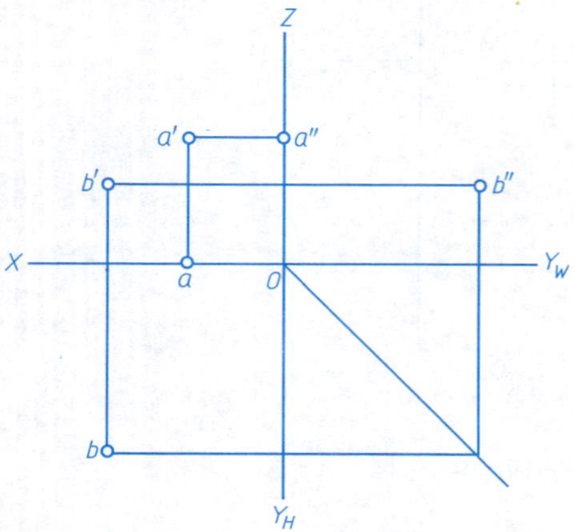

A 点在 B 点之________，A 点在 B 点之________，A 点在 B 点之________，B 点比 A 点低____mm。

2. 已知点 A 的三面投影，求作点 B、C、D 的三面投影，要求 B 在 A 的正左方 10mm，C 在 A 的正前方 15mm，D 在 A 的正下方 8mm，并判断重影点的可见性。

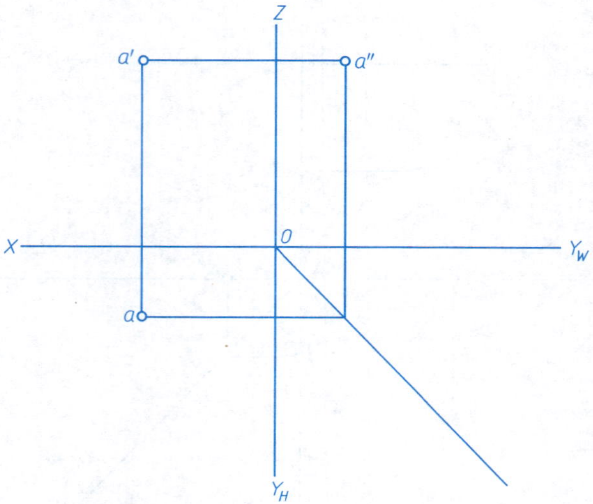

班级　　　　姓名

3-7 直线的投影（一）

1. 已知直线两端点的坐标，作直线的三面投影。

(1) A（15，0，10），B（8，15，0）

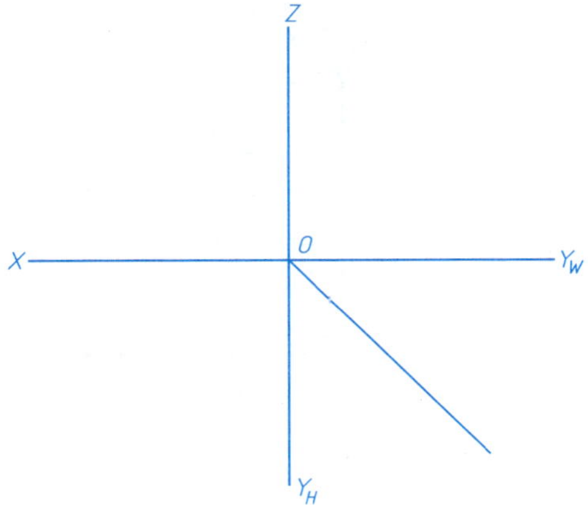

(2) C（25，20，8），D（15，5，20）

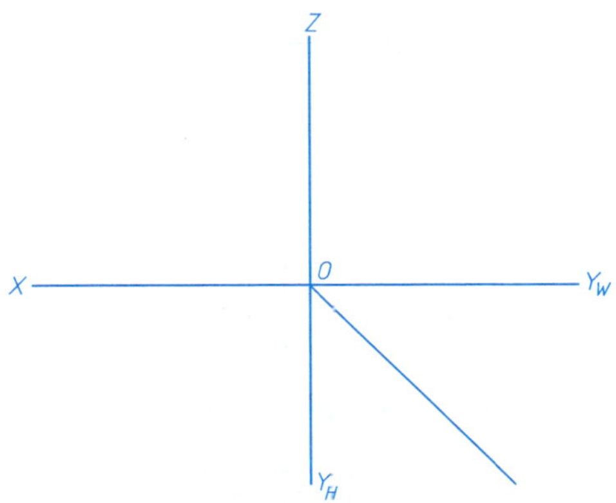

2. 已知直线的两面投影，求第三投影。

(1)

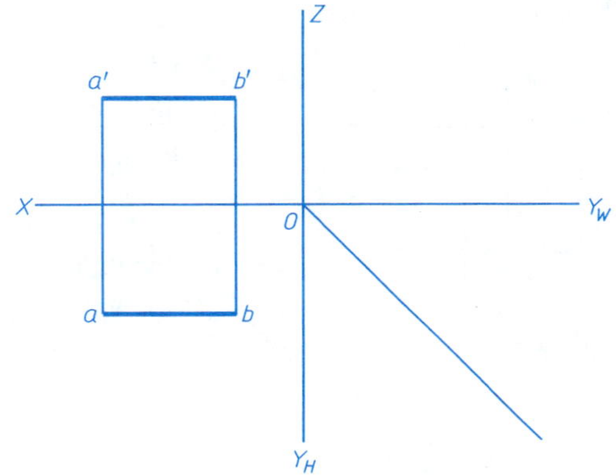

(2)

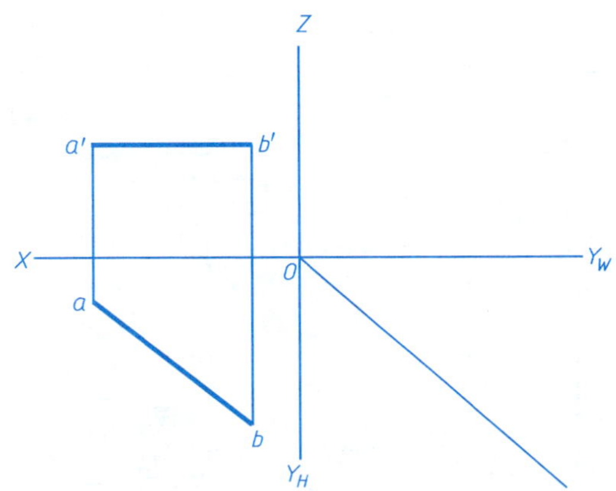

班级　　　　　姓名

3-8　直线的投影（二）

1. 根据投影图分析直线 AB 对投影图的相对位置，并按要求填空［以（1）为例］

（1）

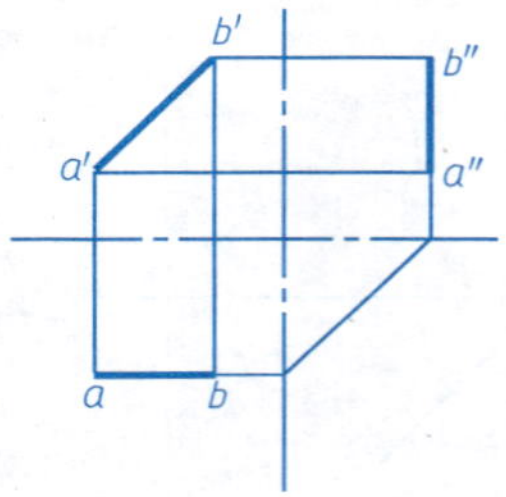

AB 与
V 面∥
与 H 面∠
与 W 面∠
AB 是正平线
$a'b'$ 为实长

（2）

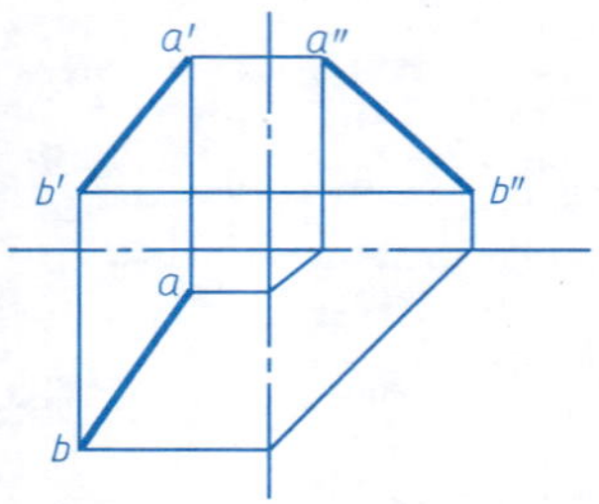

AB
与 V 面______
与 H 面______
与 W 面______
AB 是____线
________为实长

（3）

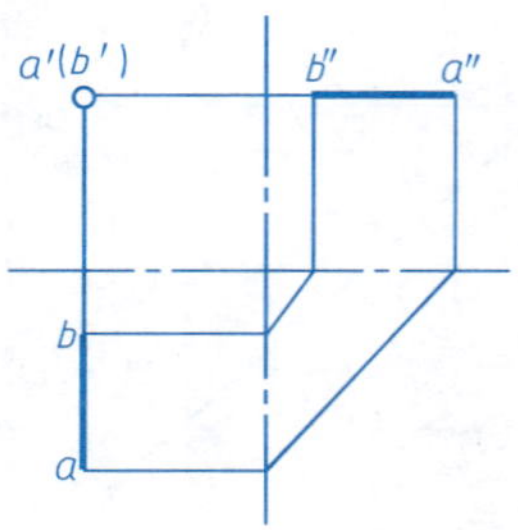

AB
与 V 面______
与 H 面______
与 W 面______
AB 是____线
________为实长

2. 已知点 A 的投影，试过 A 点按给定条件作出直线 AB 的三个投影，长度及对投影面的倾斜度自定［以（1）为例］。

（1）作侧平线

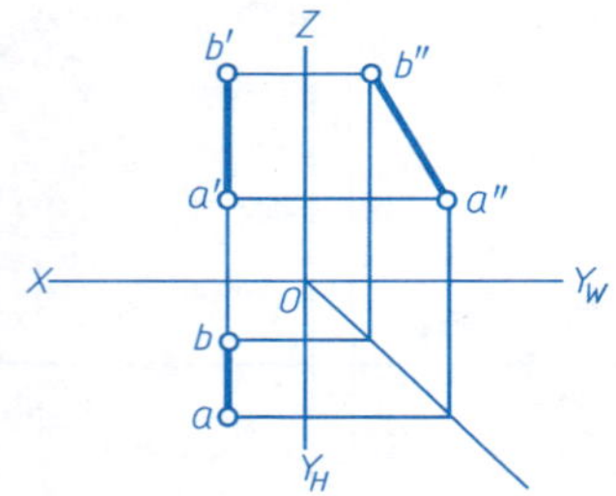

（2）作铅垂线

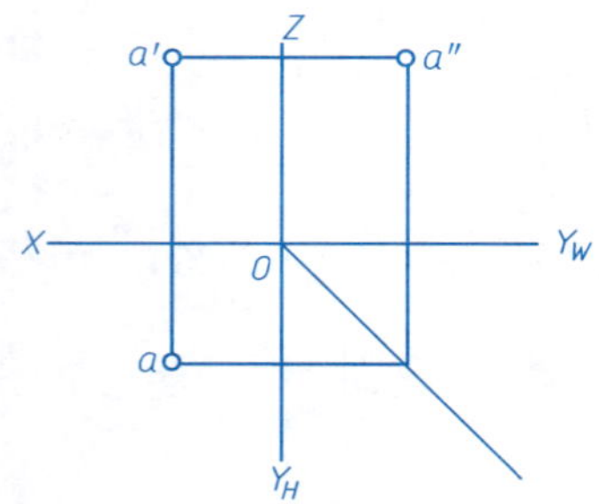

（3）作倾斜线

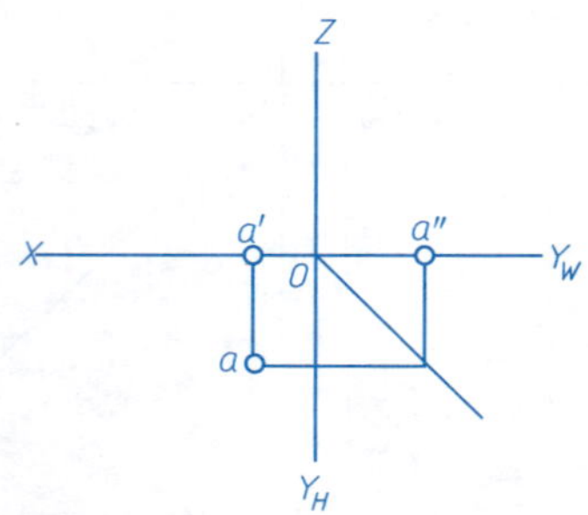

班级　　　　　　姓名

3-9 在三视图上用相应字母标出轴测图上指定直线的投影，并说明其空间位置名称

1.

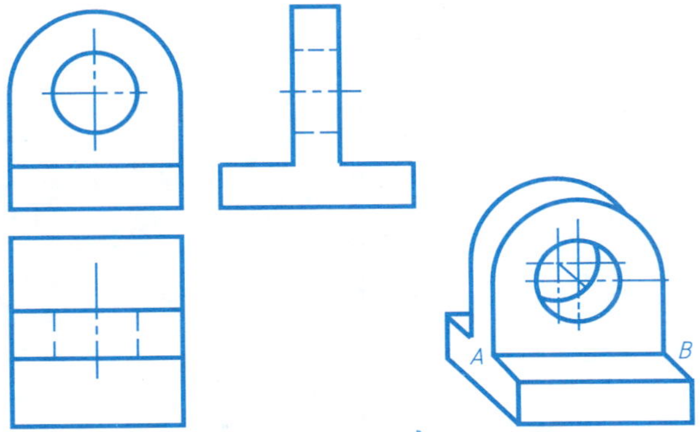

AB 是__________线

2.

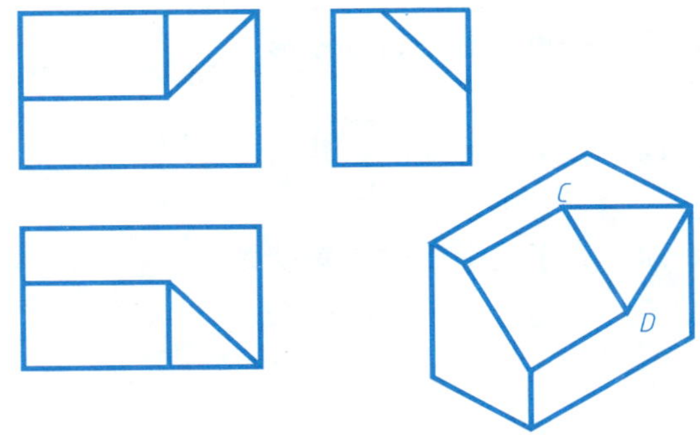

CD 是__________线

3.

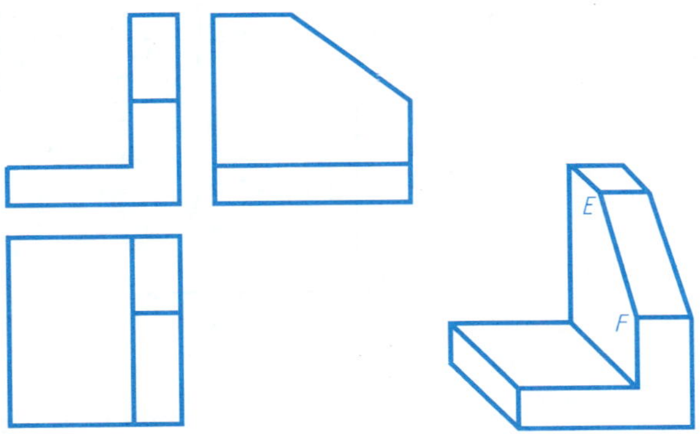

EF 是__________线

4.

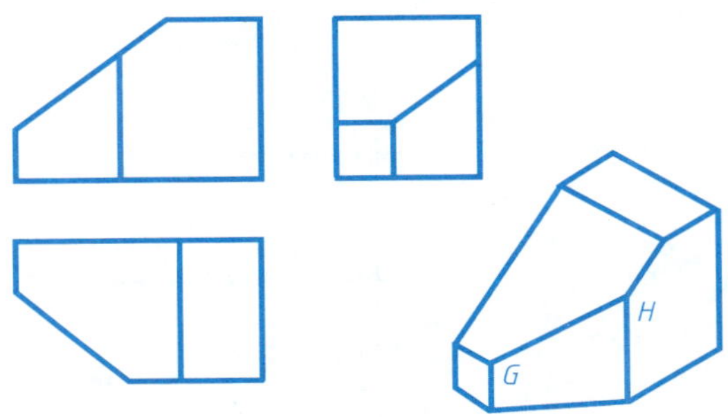

GH 是__________线

班级　　　　　姓名

3-10　平面的投影

1. 填空

平面投影的特性

当空间平面平行于投影面时，其投影__________________这种性质叫__________________________。

当空间平面倾斜于投影面时，其投影__________________这种性质叫__________________________。

当空间平面垂直于投影面时，其投影__________________这种性质叫__________________________。

2. 已知△ABC三个顶点为A（15，5，2），B（5，12，20），C（30，20，15），求作三面投影。

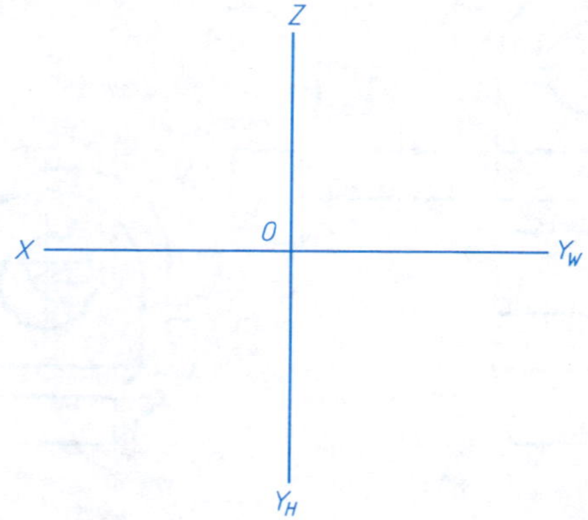

3. 已知△ABC三个顶点为A（25，5，20），B（5，5，20），C（10，15，20），求作三面投影。

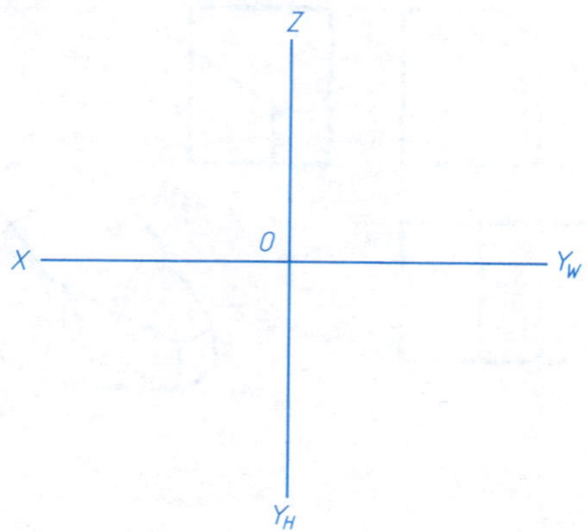

4. 已知四边形$ABCD$四个顶点为A（30，20，10），B（30，5，20），C（5，5，20），D（5，20，10），求作三面投影。

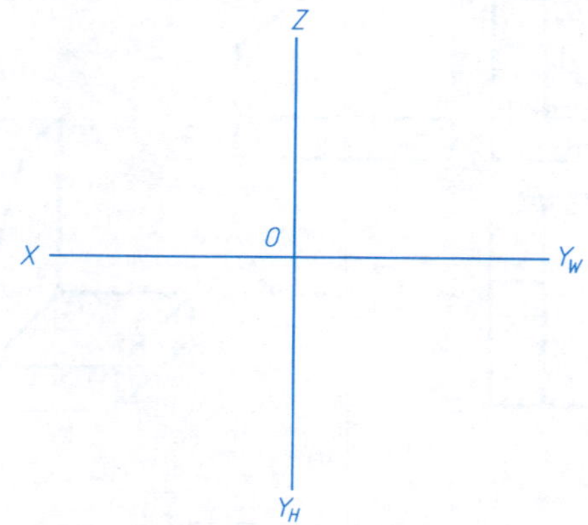

班级　　　　　姓名

3-11 已知平面的两面投影，求第三投影

1.

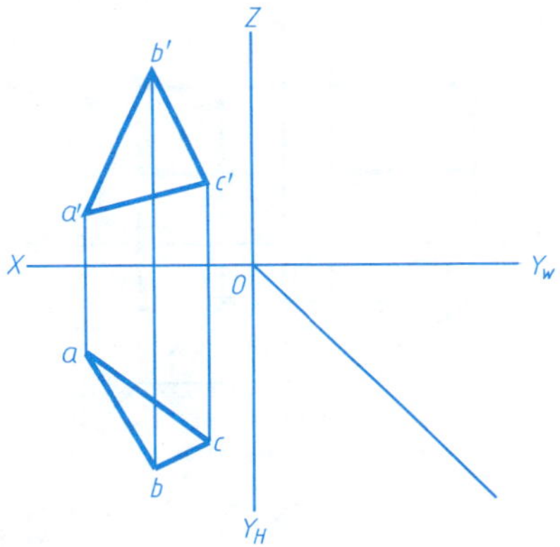

2.

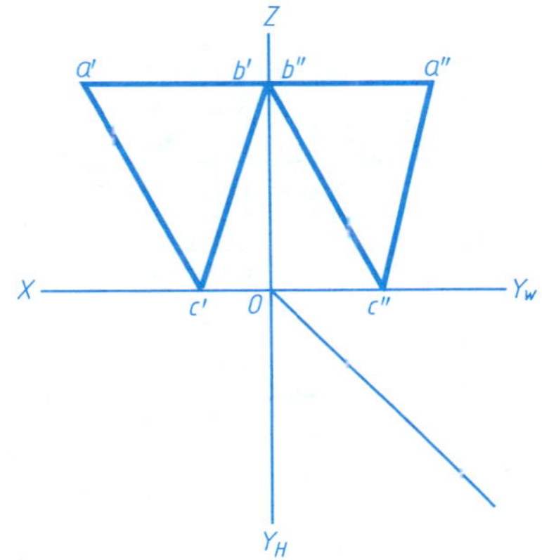

3.

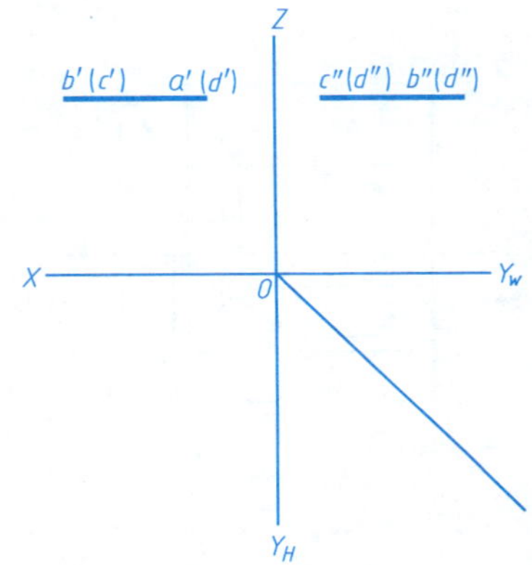

4.

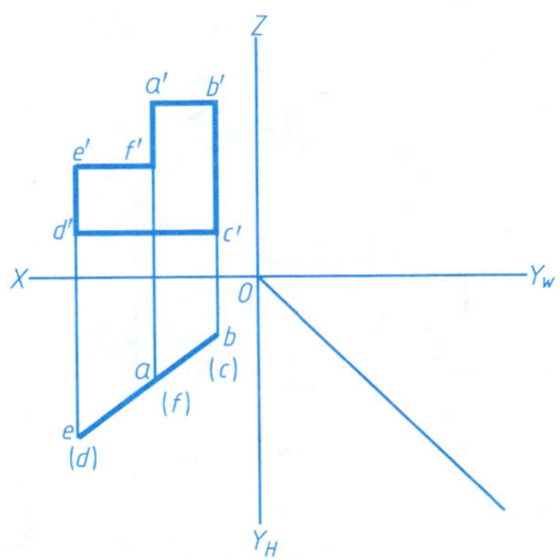

5.

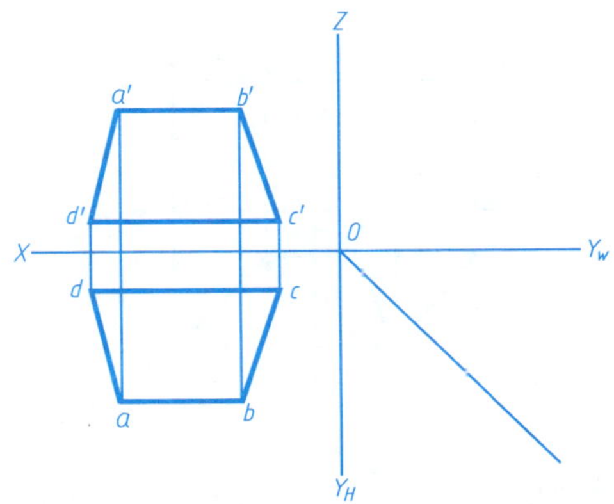

6.

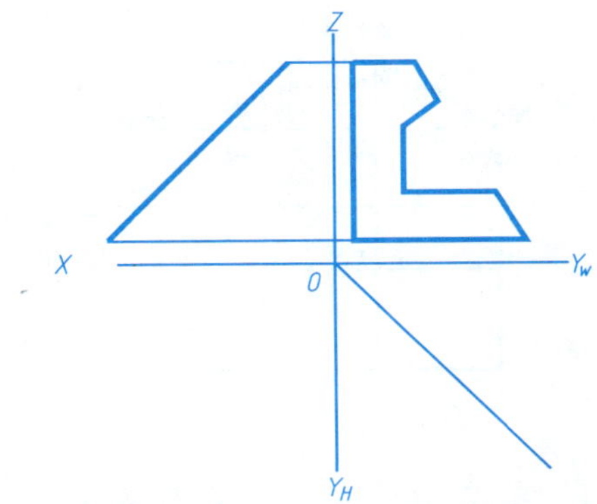

班级　　　　　　姓名

3-12　根据平面的三面投影，判断其空间位置，注明其名称，并把有实形的投影填在横线上（若投影无实形填“无”字），以1. 为例

1.

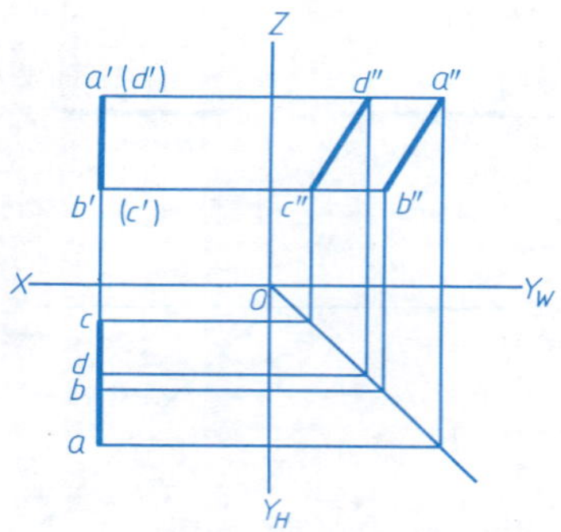

对 V 面垂直，对 H 面垂直，对 W 面平行，平面 $ABCD$ 是侧平面，$a''b''c''d''$是实形

2.

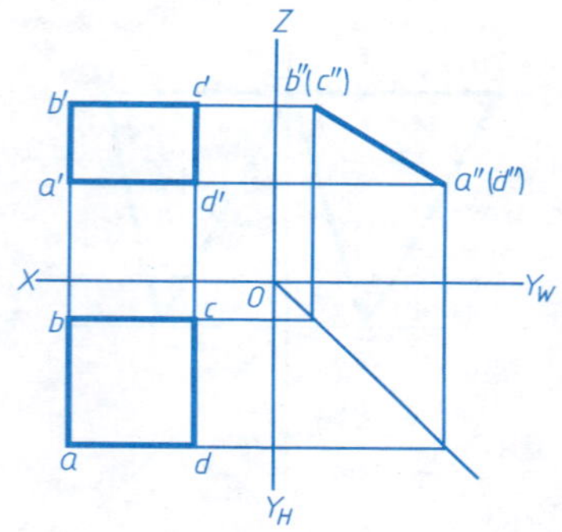

对 V 面____，对 H 面____，对 W 面____，平面 $ABCD$ 是____面，________实形

3.

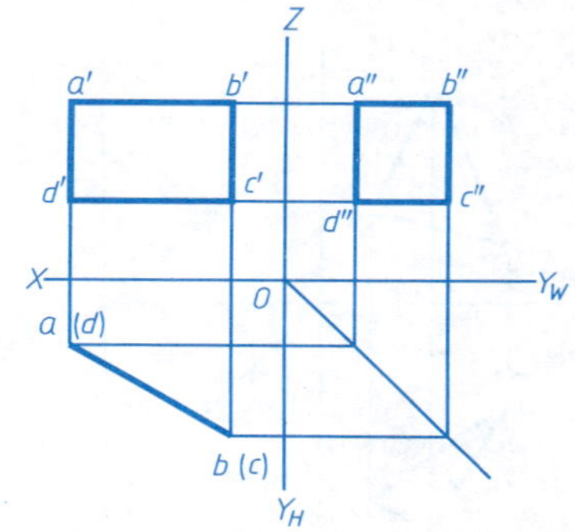

对 V 面____，对 H 面____，对 W 面____，平面 $ABCD$ 是____面，________实形

4.

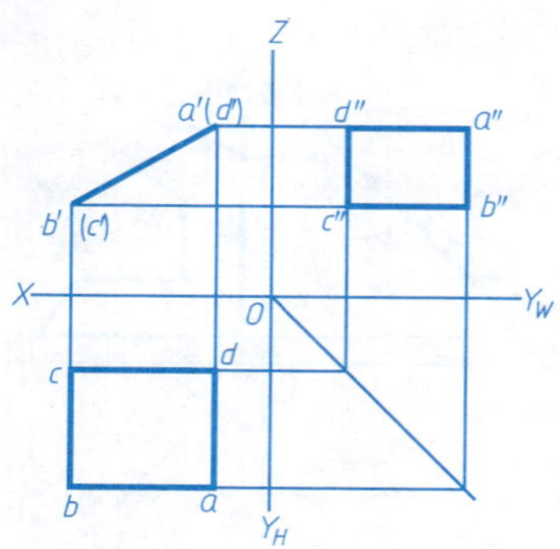

对 V 面____，对 H 面____，对 W 面____，平面 $ABCD$ 是____面，______实形

5.

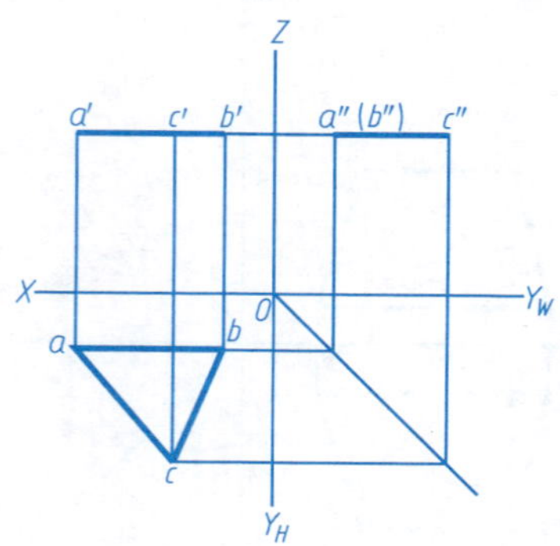

对 V 面____，对 H 面____，对 W 面____，平面 ABC 是____面，______实形

6.

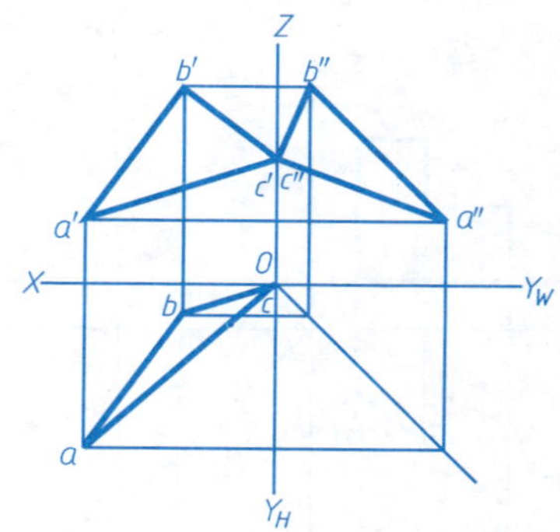

对 V 面____，对 H 面____，对 W 面____，平面 ABC 是____面，______实形

班级　　　　姓名

3-13 指出平面的投影，并说明该平面的空间位置，以 1. 为例

1.

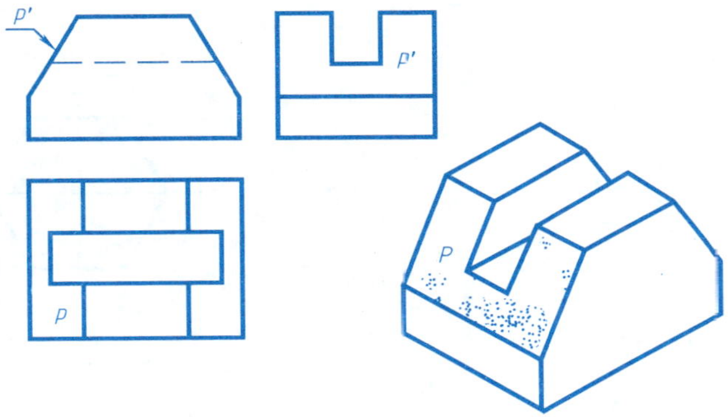

P 面为____正垂____面。

2.

Q 面为__________面。

3.

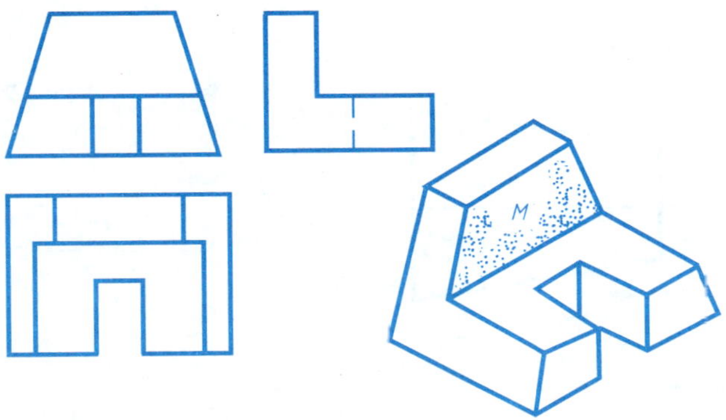

M 面为__________面。

4.

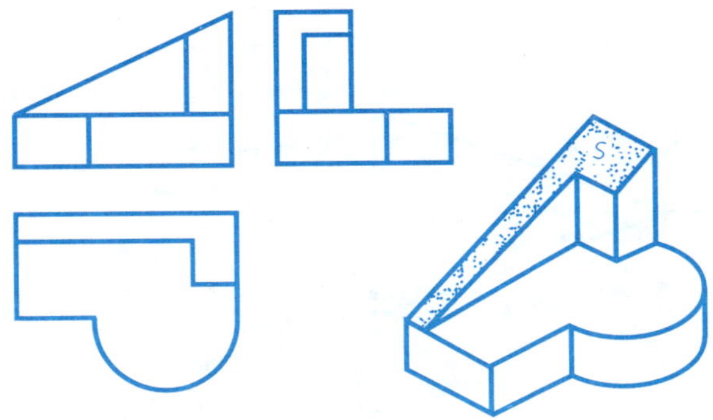

S 面为__________面。

班级　　　　姓名

3-14 根据给定的视图和尺寸画全基本几何体的三视图，并标注尺寸

1. 三棱柱（宽 12mm）

2. 六棱柱（长 30mm）

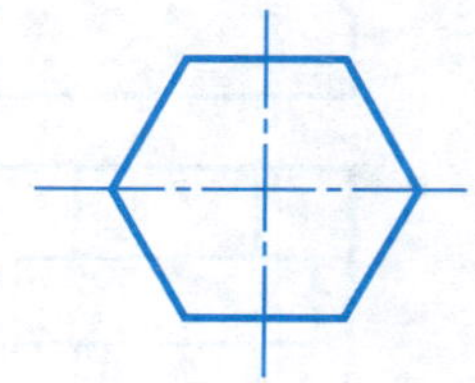

3. 正四棱锥

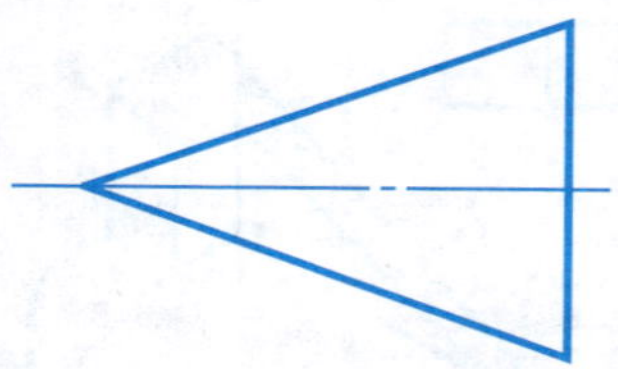

4. 正四棱台

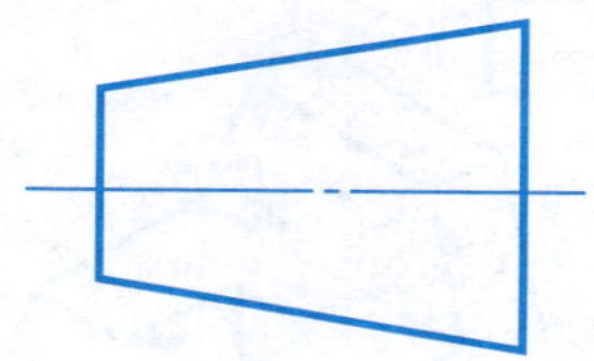

班级　　　　姓名

3-15 已知平面立体表面上点的一个投影，求作另外两个投影

1.

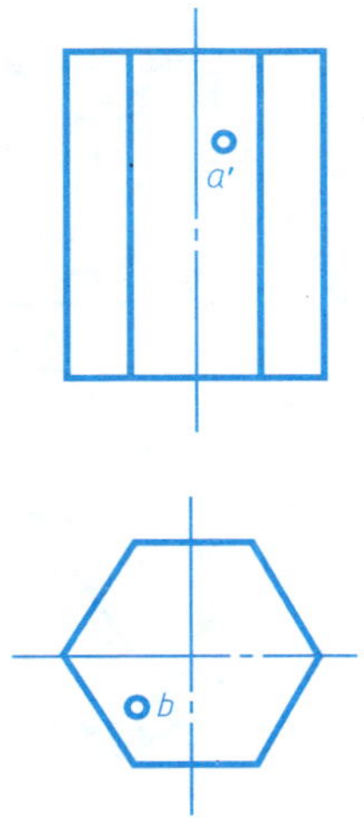

2.

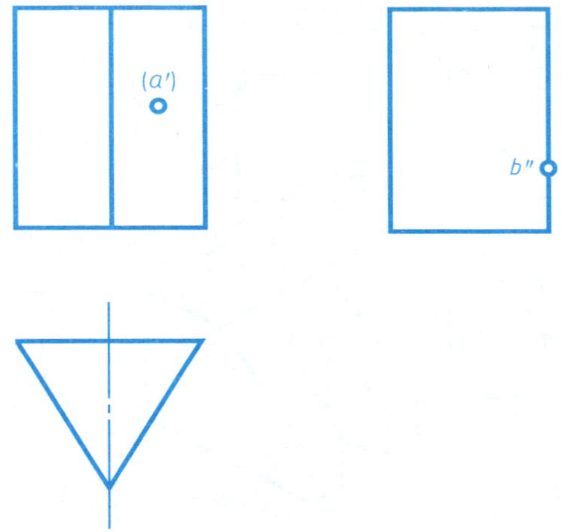

3.

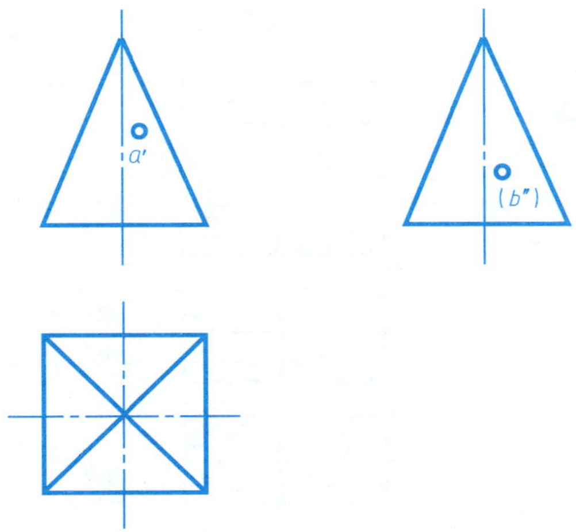

4.

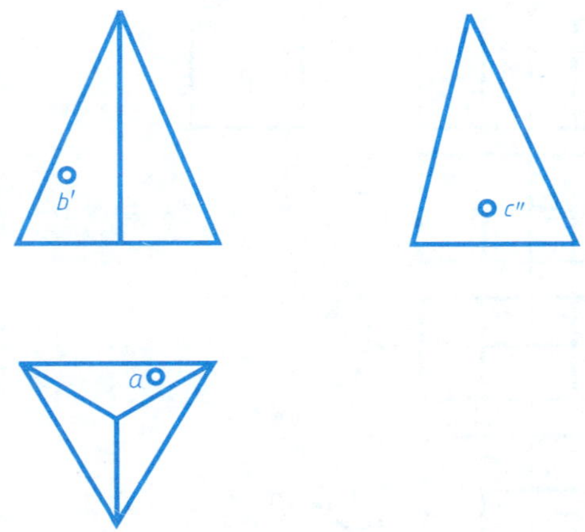

班级　　　　　姓名

3-16　平面体的截割

1. 补全视图中的缺线

(a)

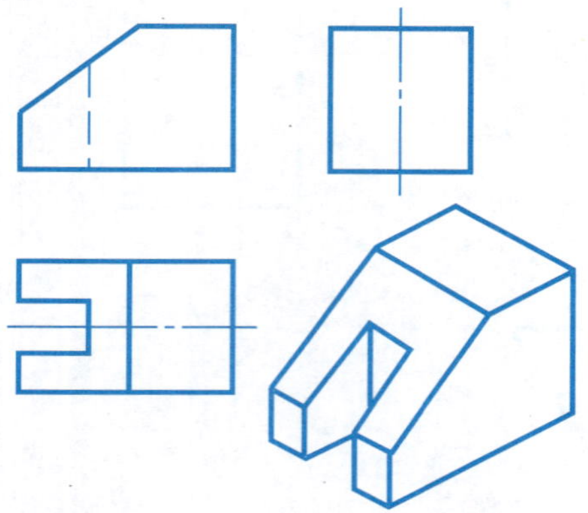

(b)

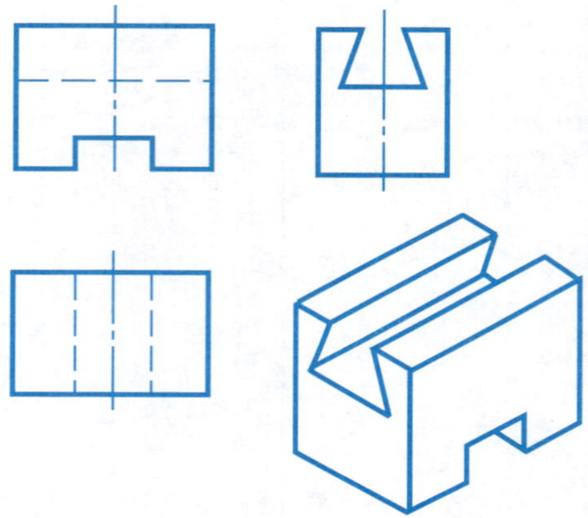

(c)

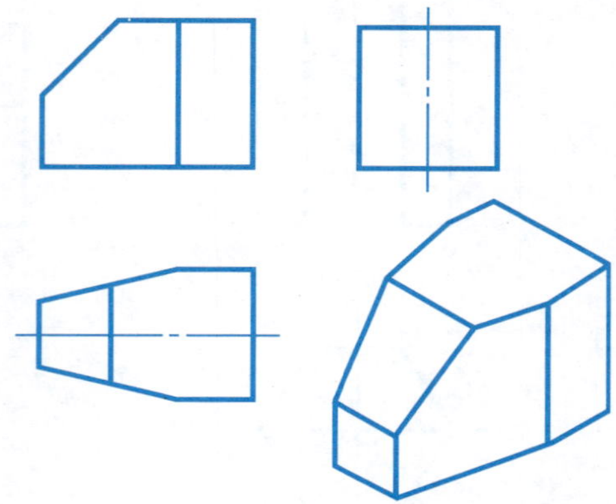

2. 已知两视图、选择正确的第三视图（将正确答案题号填在括号内）

(a)

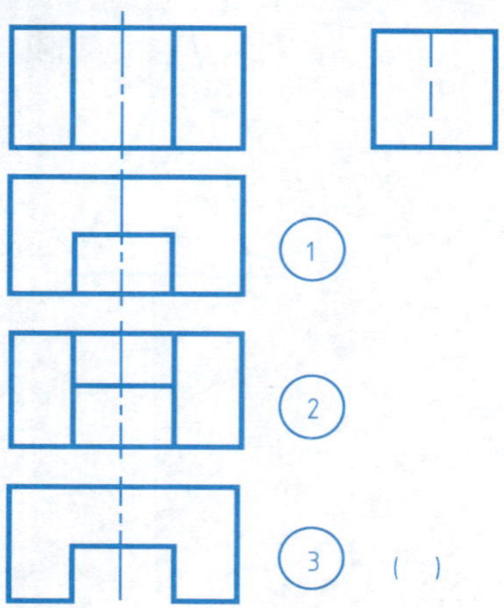

(　)

(b)

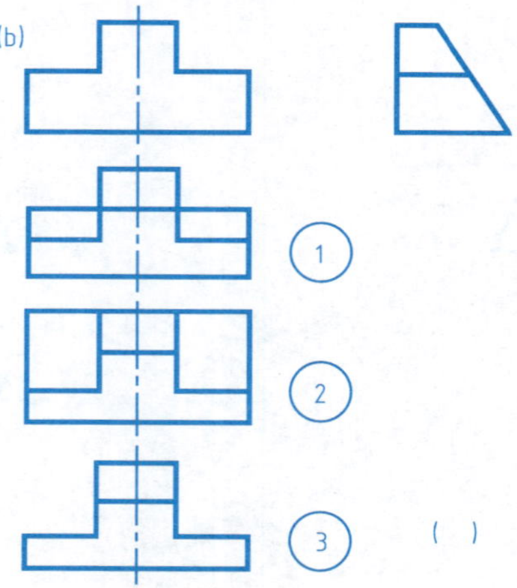

(　)

(c)

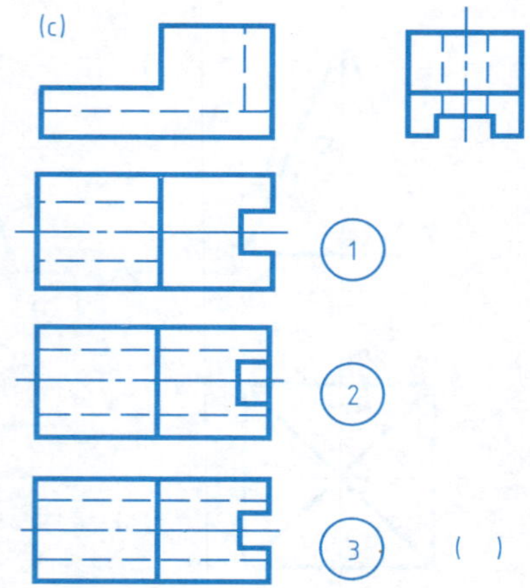

(　)

班级　　　　姓名

3-17 对照平面立体轴测图补全三视图（一）

1.

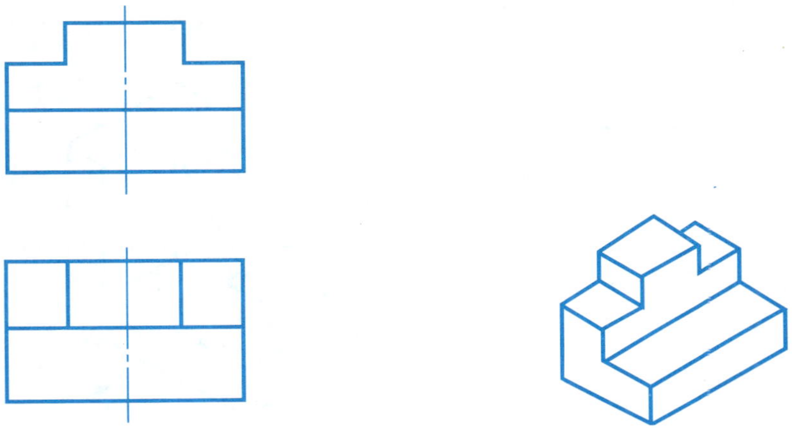

2.

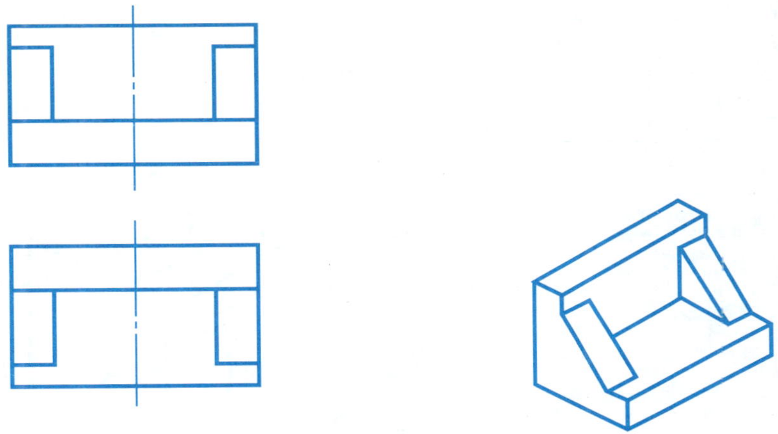

3.

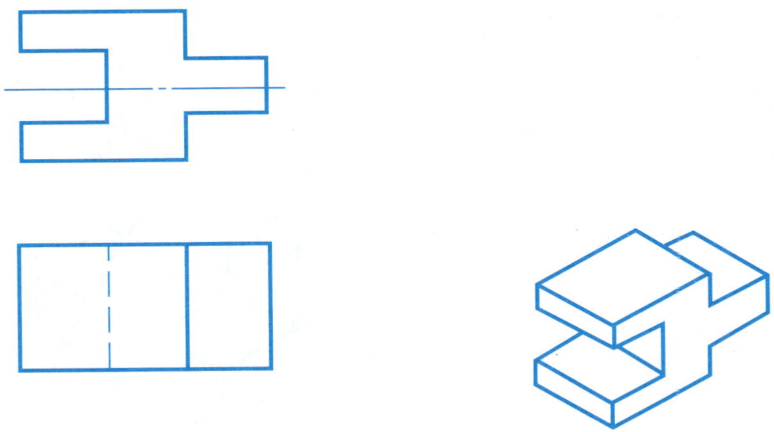

4.

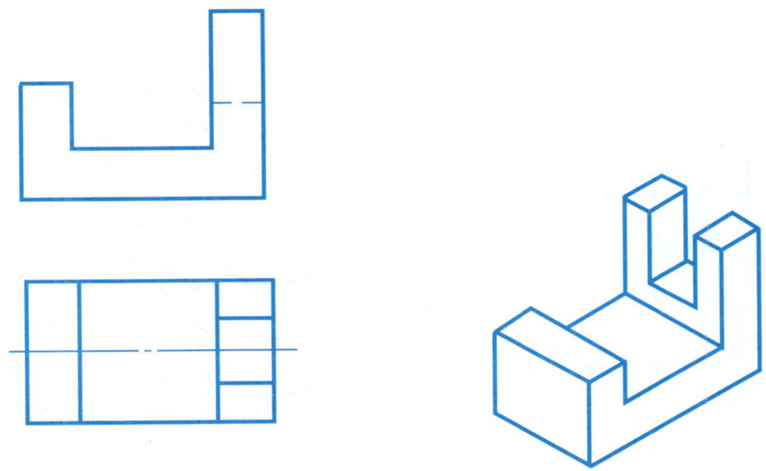

班级　　　　　　姓名

3-18　对照平面立体轴测图补全三视图（二）

1.

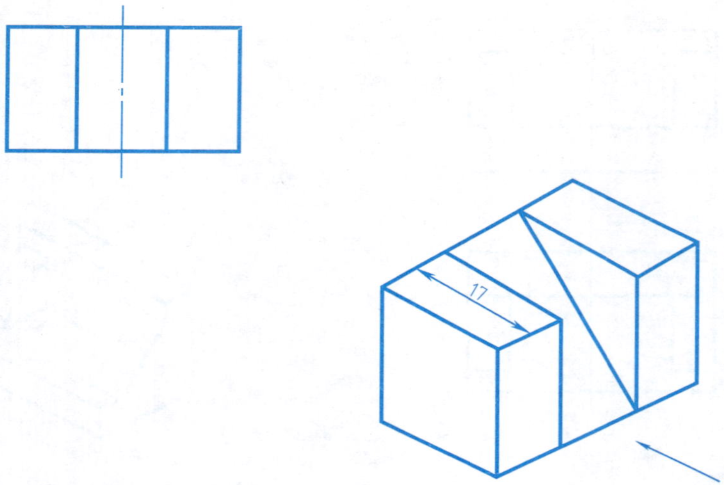

2.

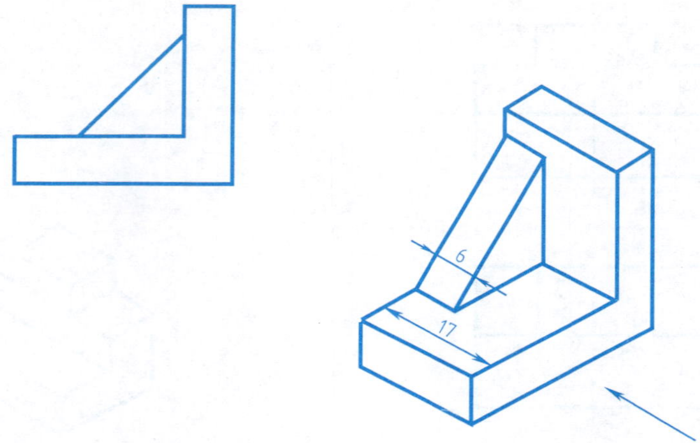

3.

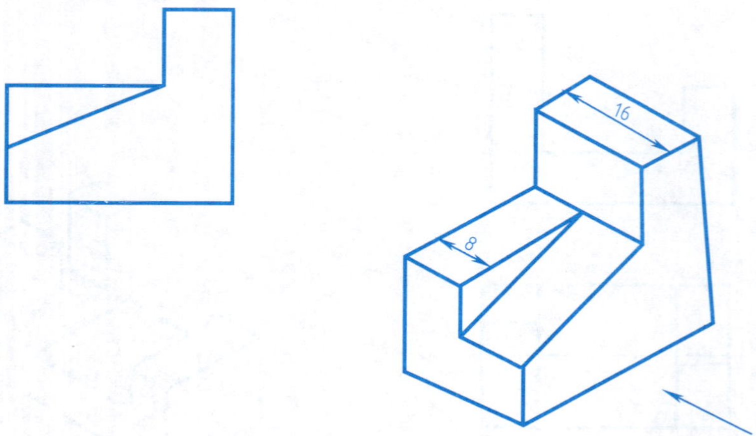

4.

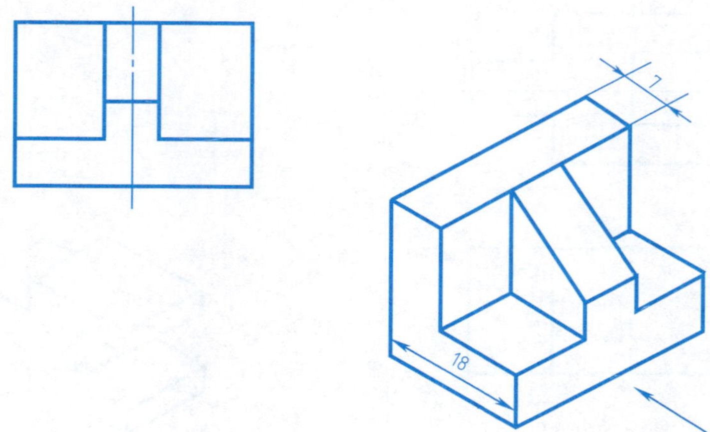

班级　　　　　　姓名

3-19 绘制平面截割体的三视图（一）

1.

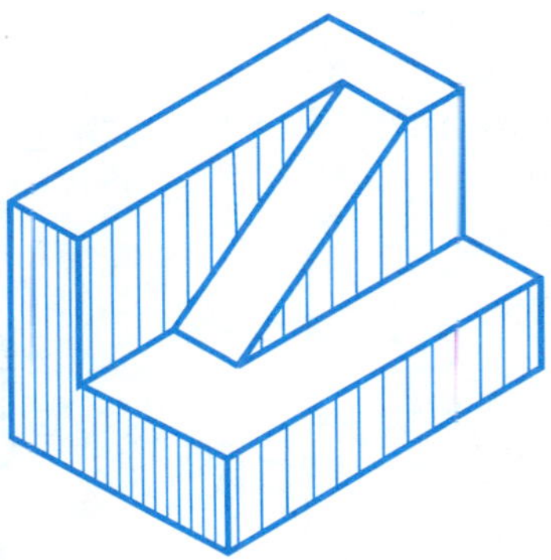

2.

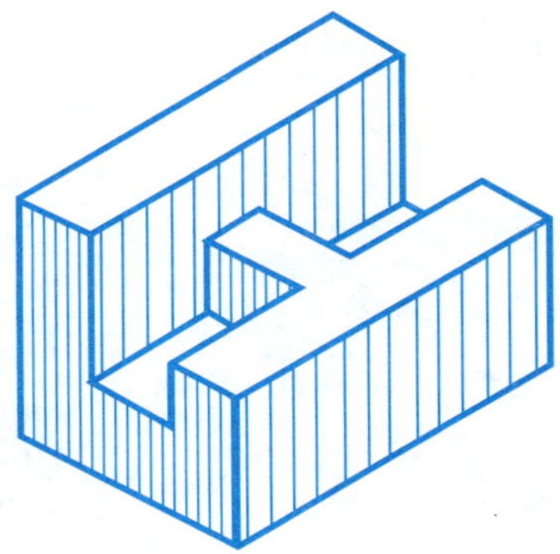

班级　　　　　姓名

3-20　绘制平面截割体的三视图（二）

1.

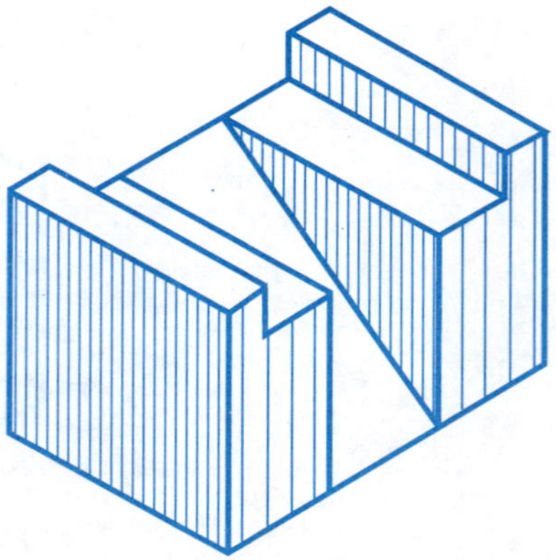

2.

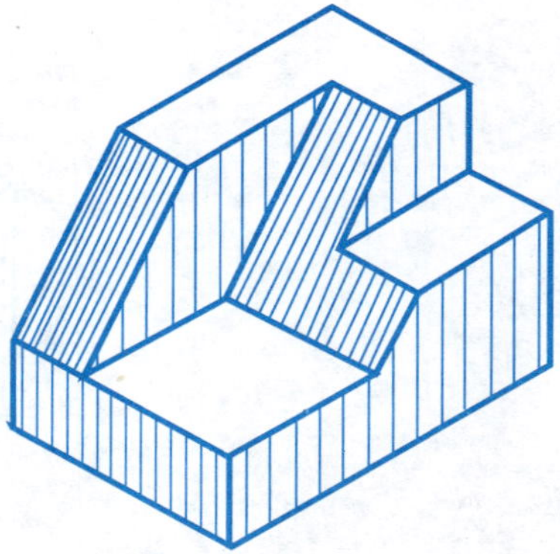

班级　　　　　　姓名

项目四　曲面立体

4-1　根据给定视图和尺寸画全基本几何体的三视图并标注尺寸

1. 圆柱（长 30mm）

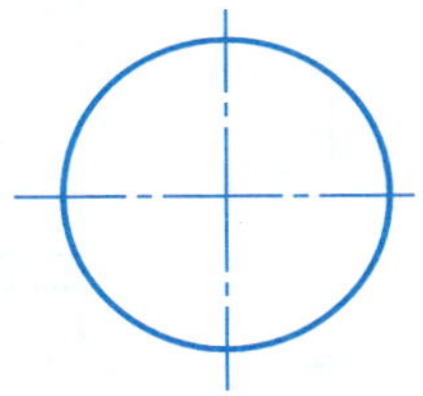

2. 圆锥（长 30mm）

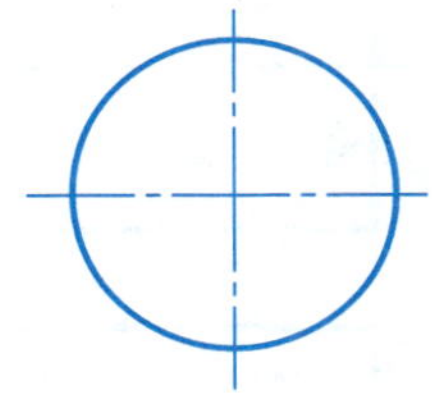

3. 圆锥台

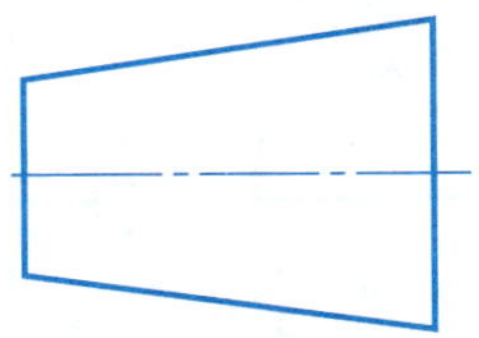

4. 半圆球

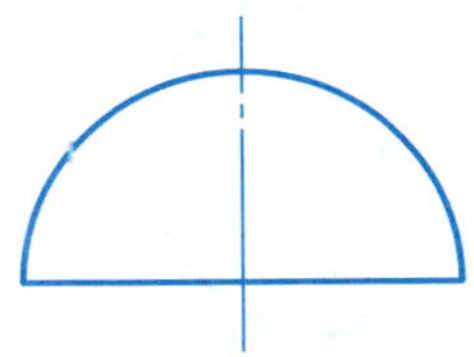

班级　　　　　姓名

4-2　已知回转体表面上点的一个投影，求作另外两个投影

1.

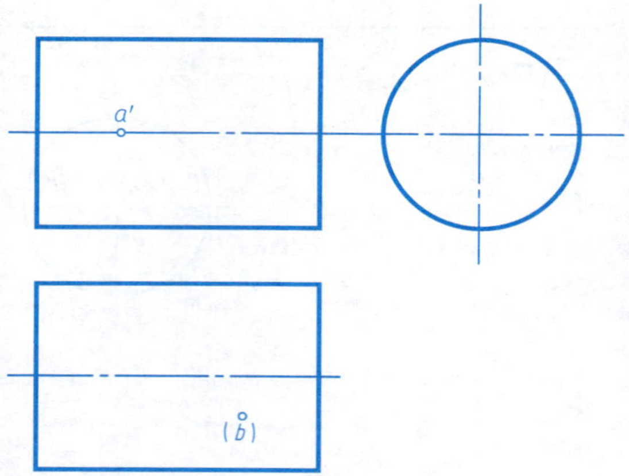

2.

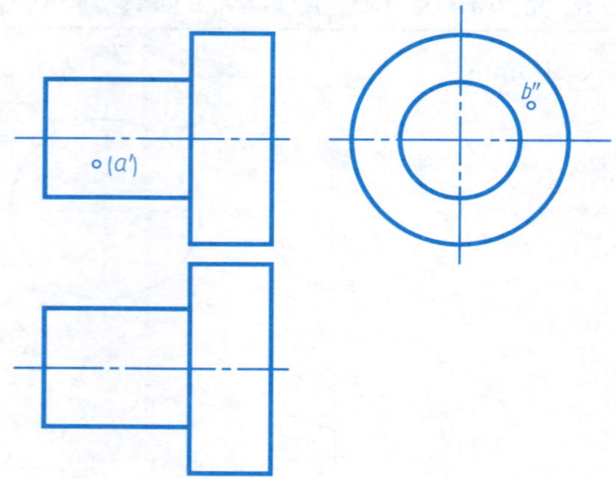

3.

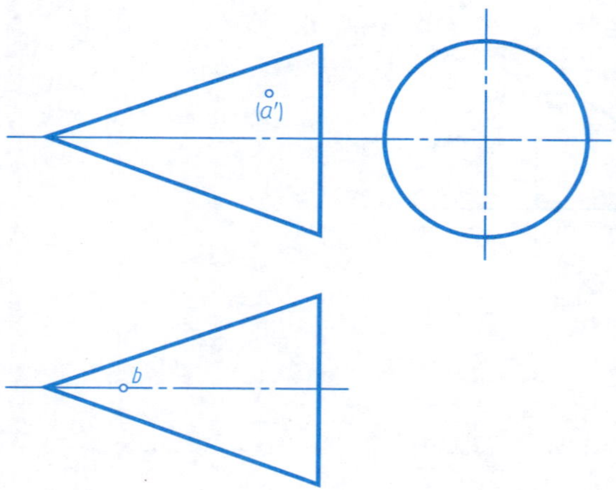

4.

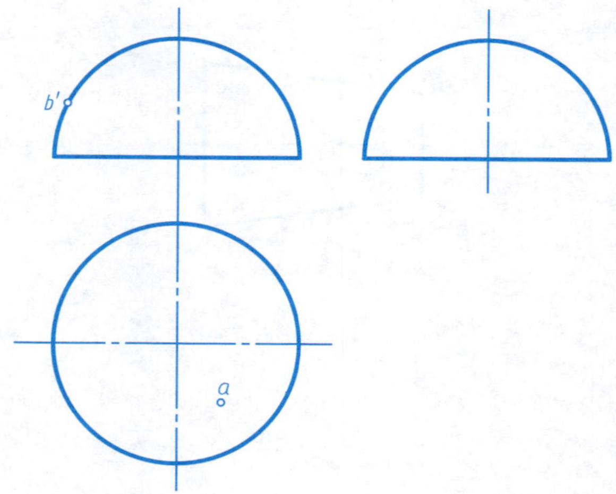

班级　　　　　　姓名

4-3　根据立体图画出第三视图（一）

1.

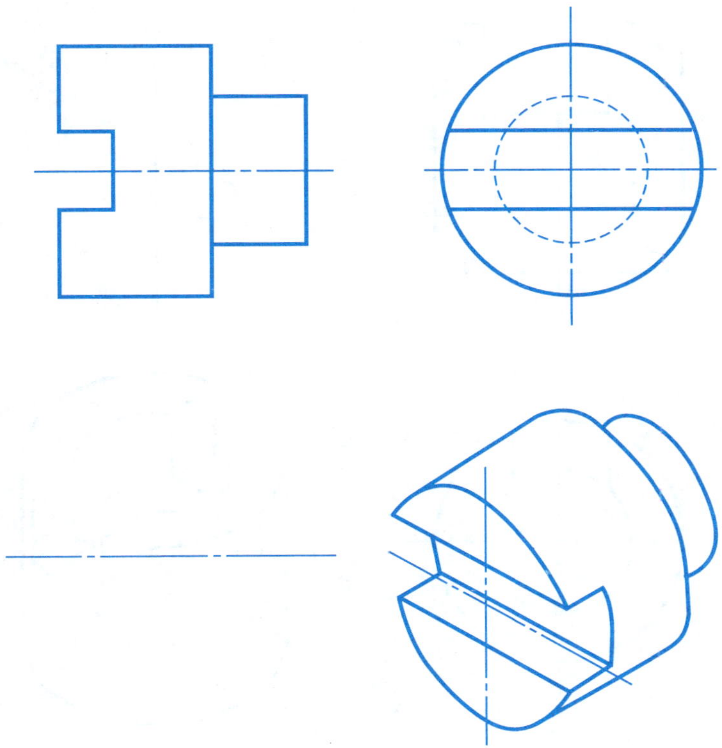

2.

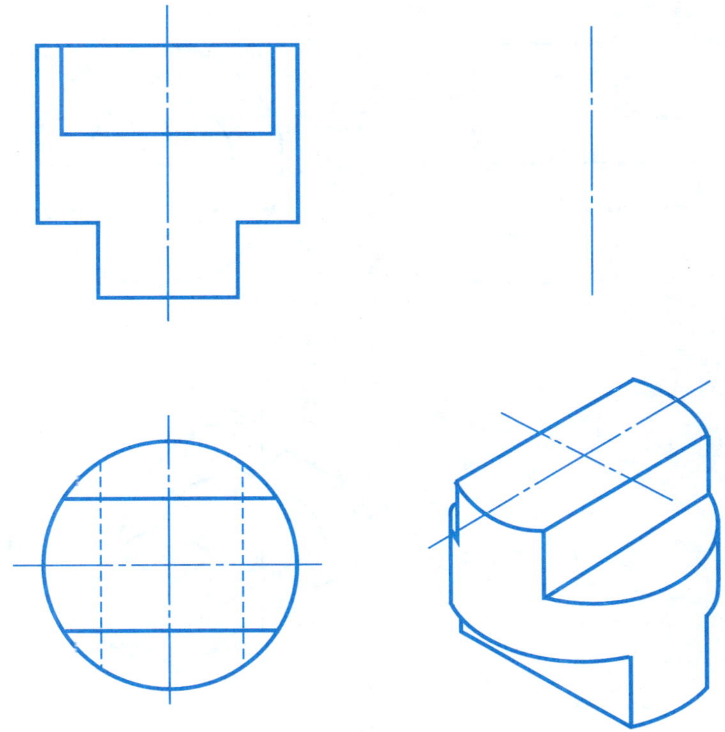

4-4 根据立体图画出第三视图（二）

1.

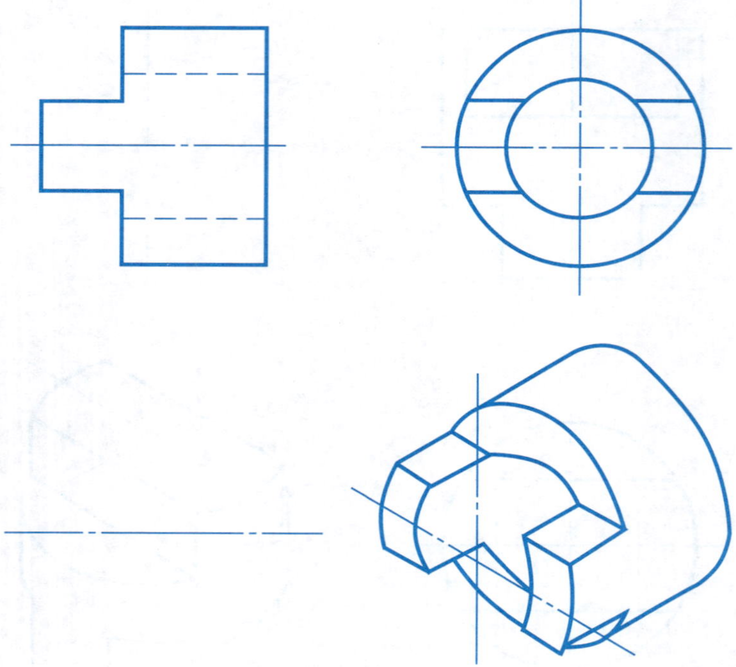

2.

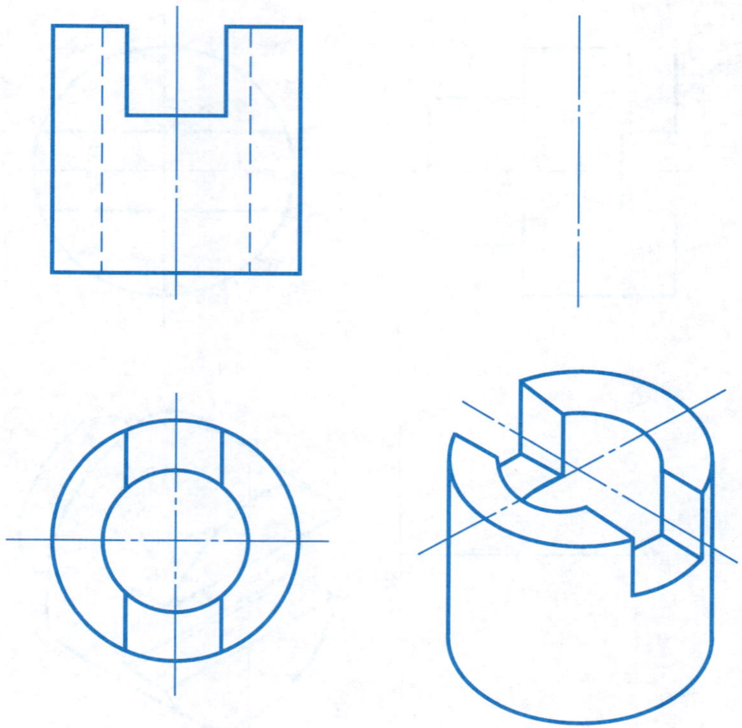

班级　　　　　姓名

4-5 根据立体图完成三视图（三）

1.

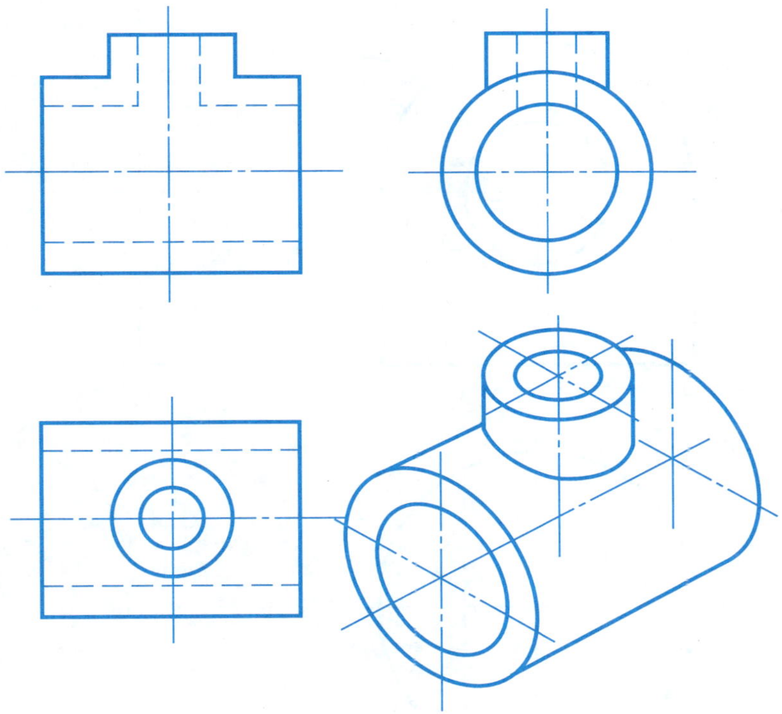

2.

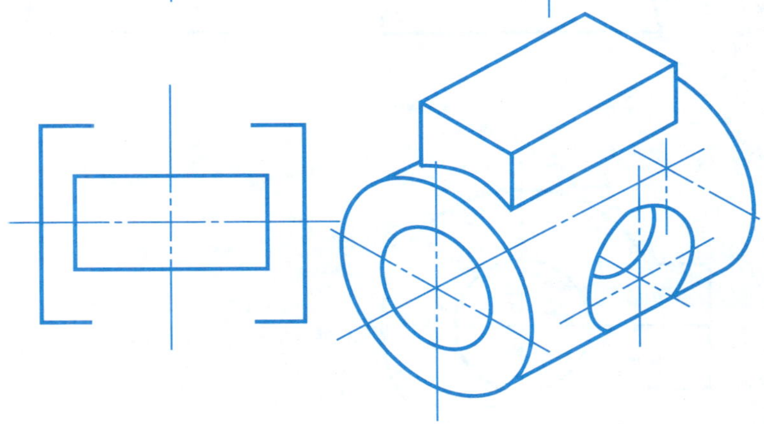

班级　　　　　　姓名

4-6 完成相贯体的三视图（一）

1. 完成相贯体的三视图。

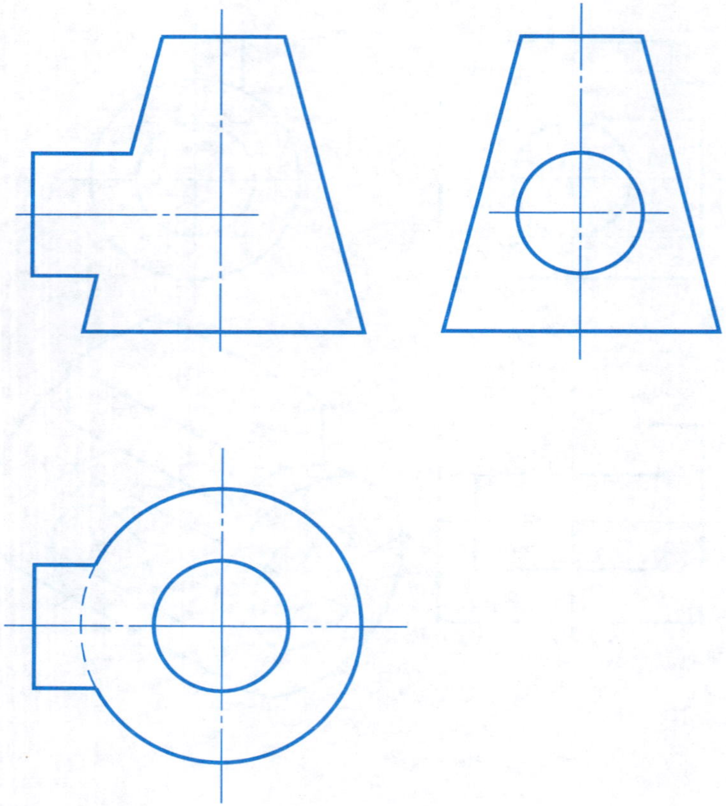

2. 补画相贯体俯视图的图线，求作左视图。

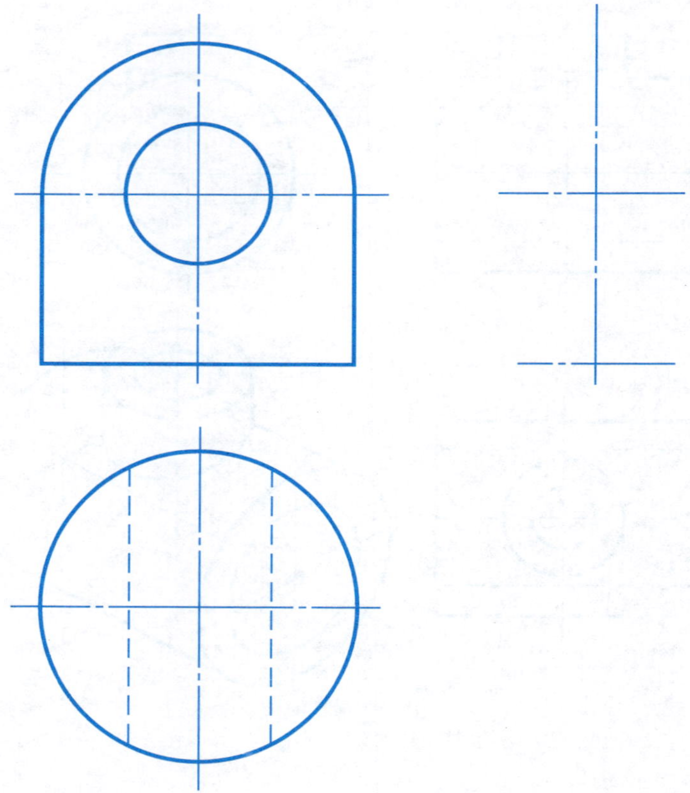

班级　　　　　　姓名

4-7 完成相贯体的三视图（二）

1.

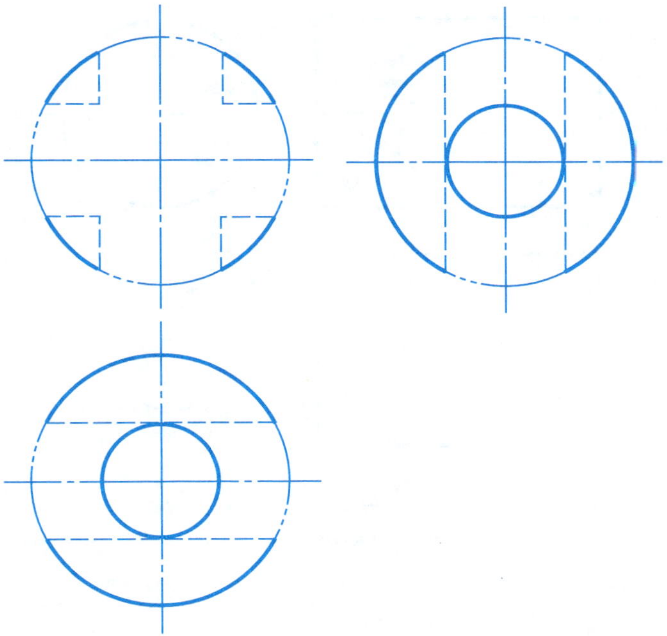

2.

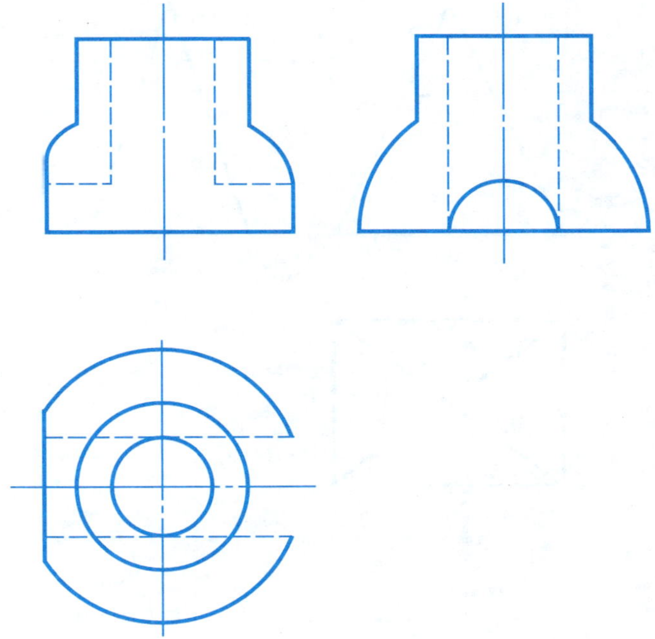

班级　　　　姓名

项目五　轴测图的画法

5-1　根据基本体的三视图绘制正等轴测图

1.

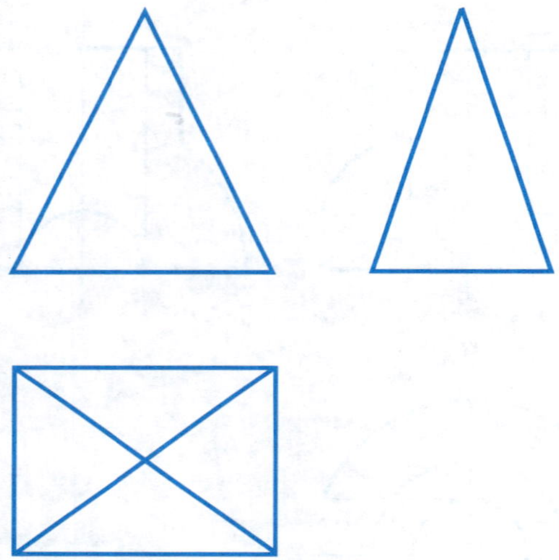

2.

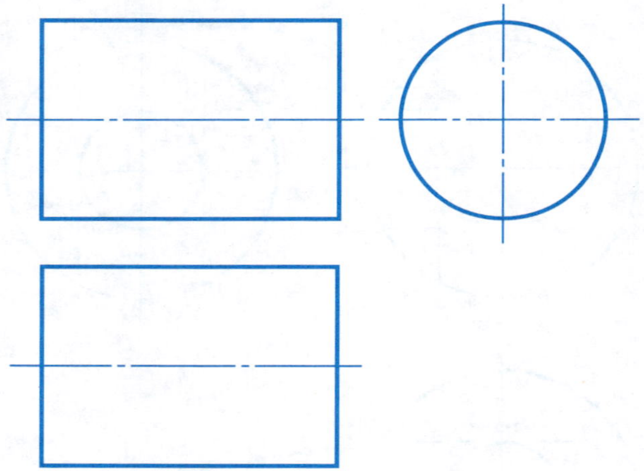

班级　　　　　姓名

5-2 根据基本体的三视图绘制正等轴测图

1.

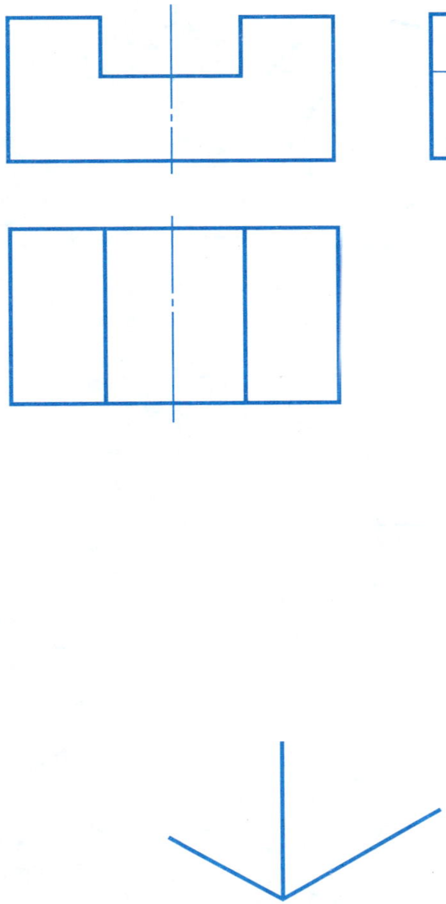

2.

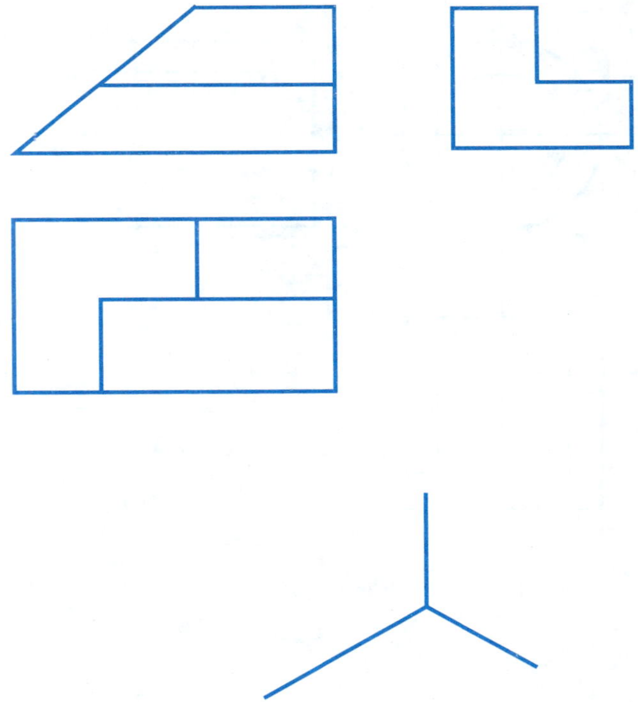

班级　　　　　　姓名

5-3 根据基本视图绘制斜二等轴测图

1.

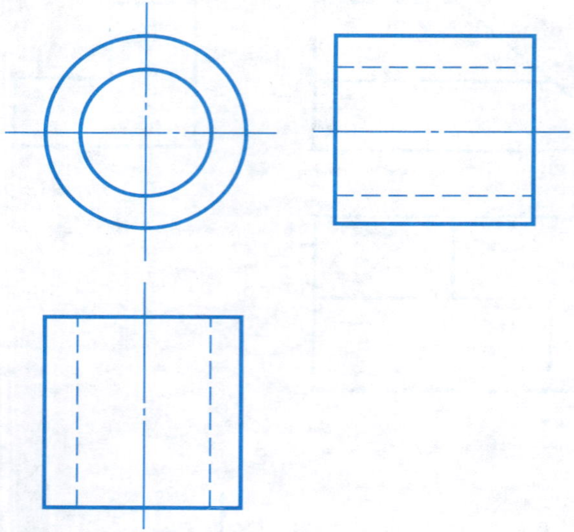

2.

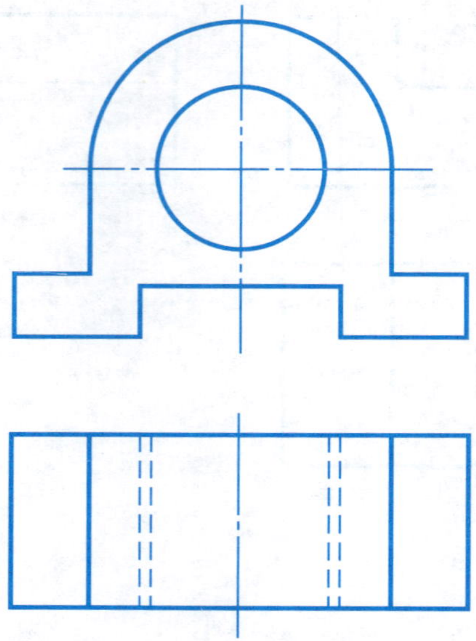

班级　　　　　　姓名

项目六　组合体的三视图

6-1　根据轴测图上给定的尺寸，画组合体的三视图（组合体上的孔均为通孔）（一）

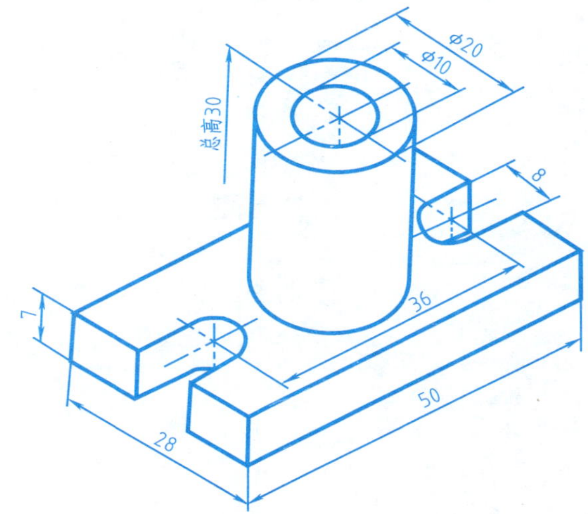

班级　　　　　　姓名

6-2 根据轴测图上给定的尺寸，画组合体的三视图（组合体上的孔均为通孔）（二）

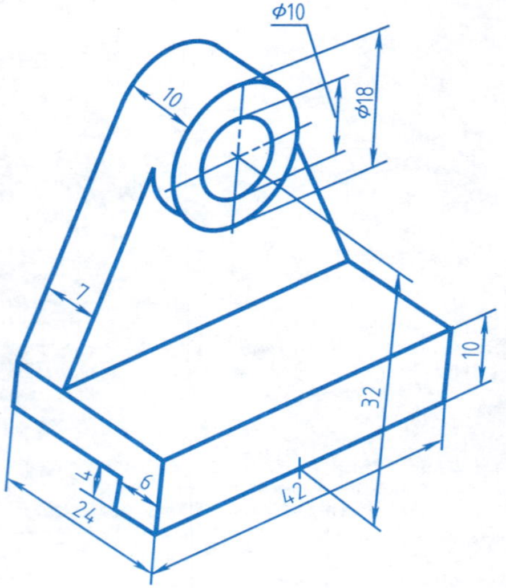

班级　　　　　　姓名

6-3　根据轴测图上给定的尺寸，画组合体的三视图（三）

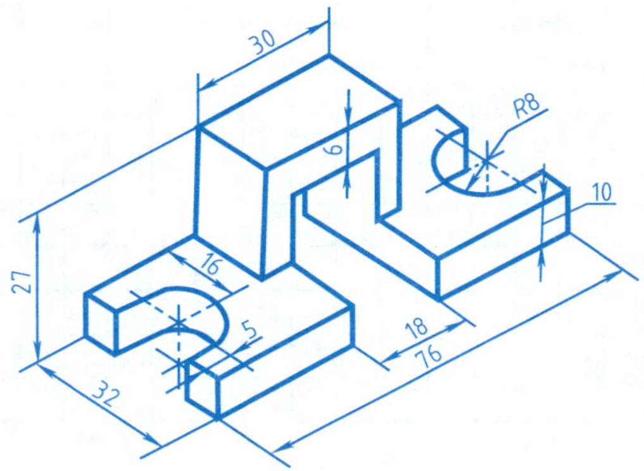

班级　　　　　　姓名

6-4 根据立体图按目测比例在框格上徒手画出组合体的三视图

1.

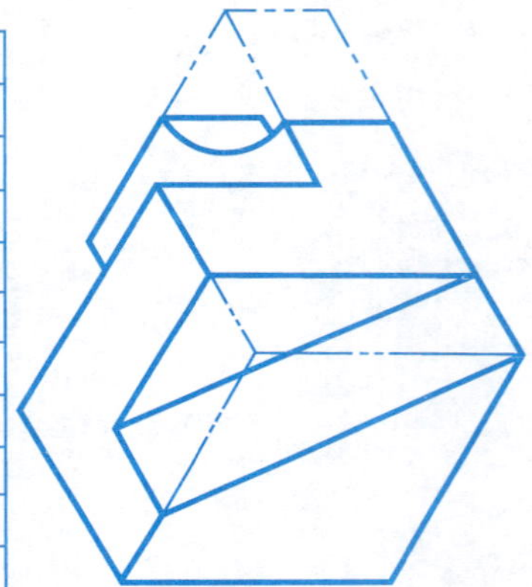

2.

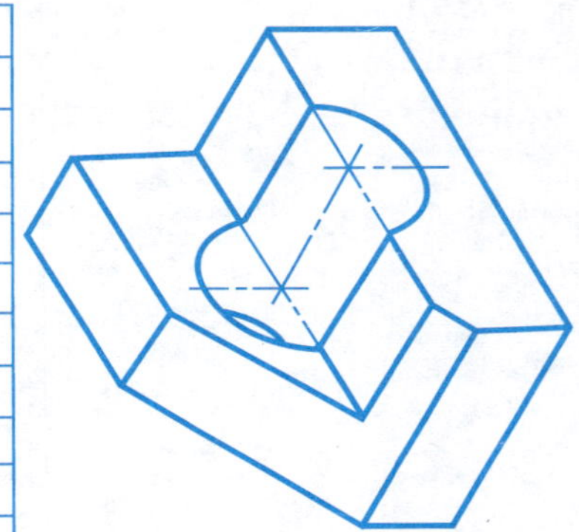

班级　　　　　　姓名

6-5 标注尺寸（数值从图中量取并取整数）（一）

1.

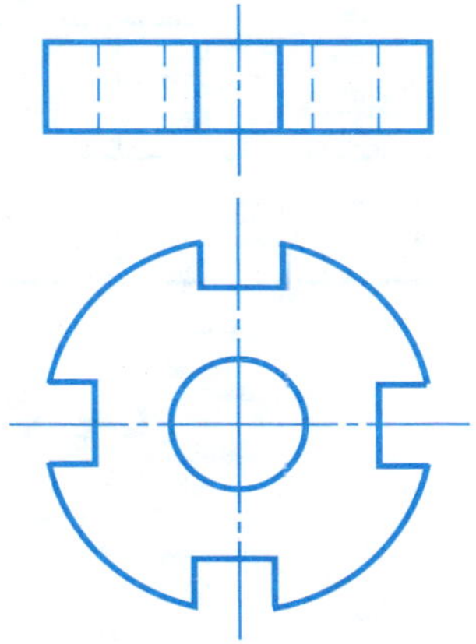

2.

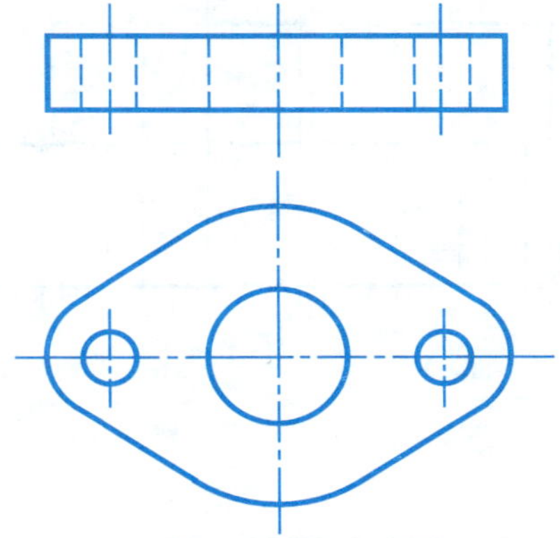

3.

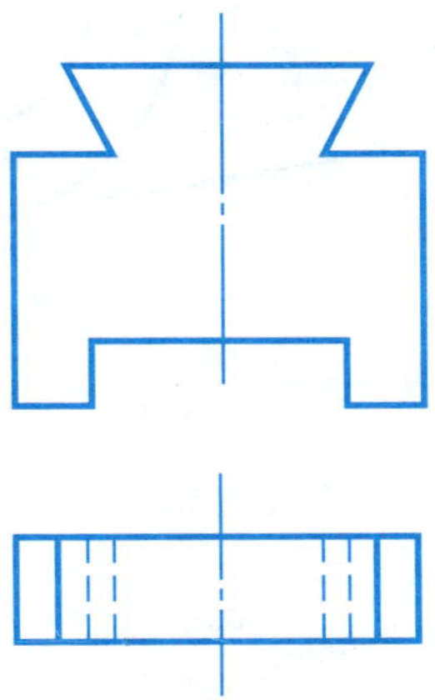

4.

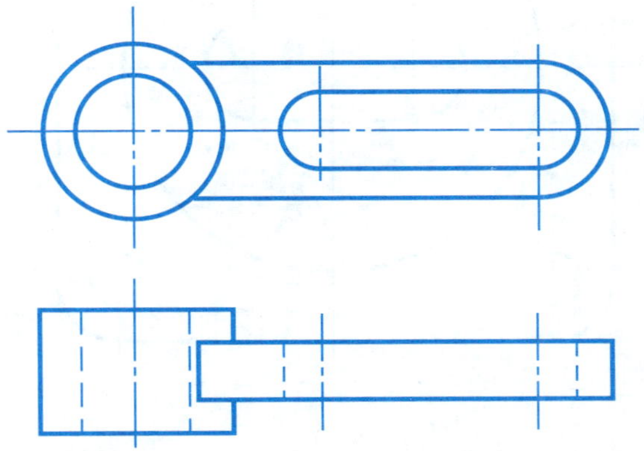

班级　　　　　姓名

6-6　标注尺寸（数值从图中量取并取整数）（二）

1.

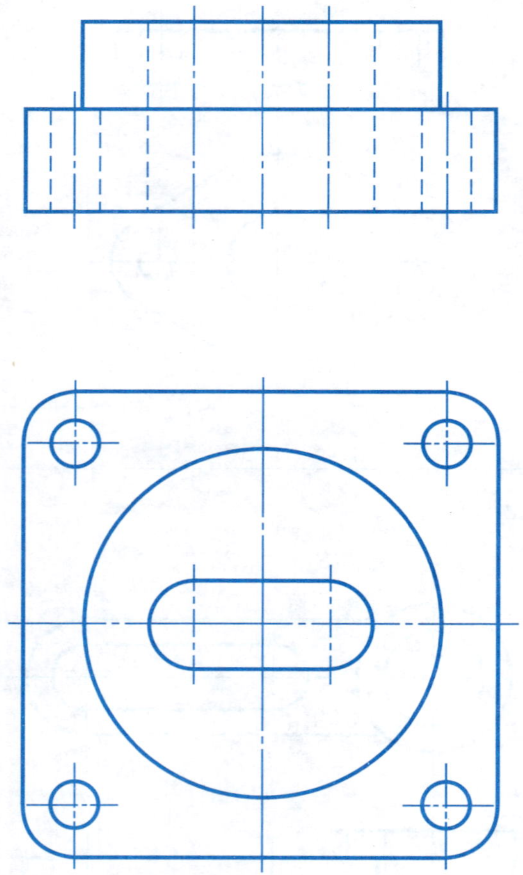

2.

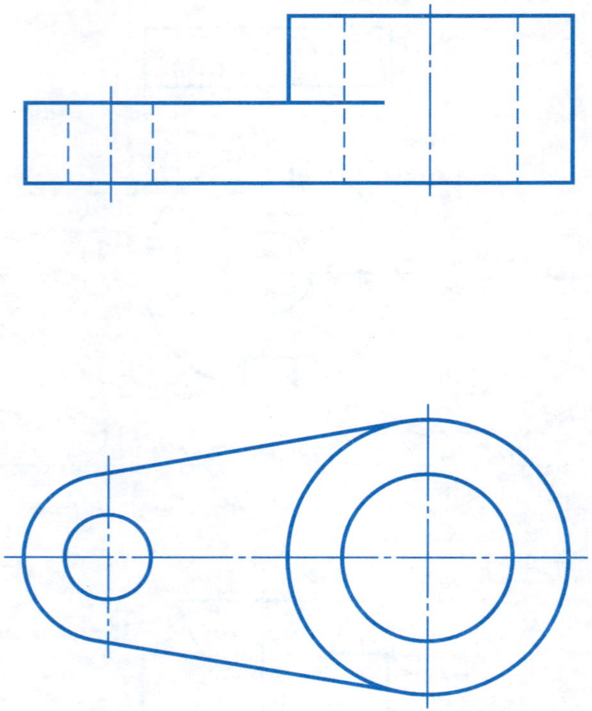

班级　　　　　　姓名

6-7 按组合过程分步画图（依次想出图中各物体的形状，并画出第三视图）

1.

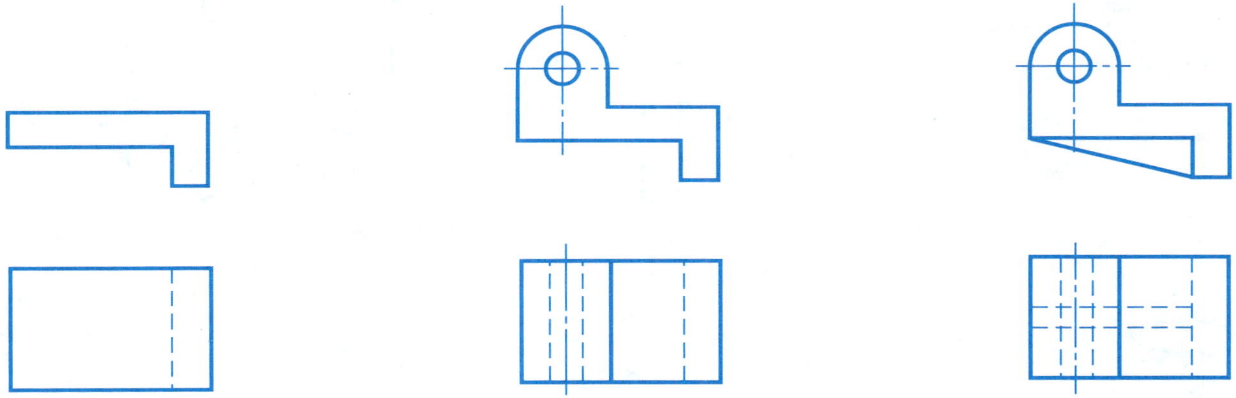

2.

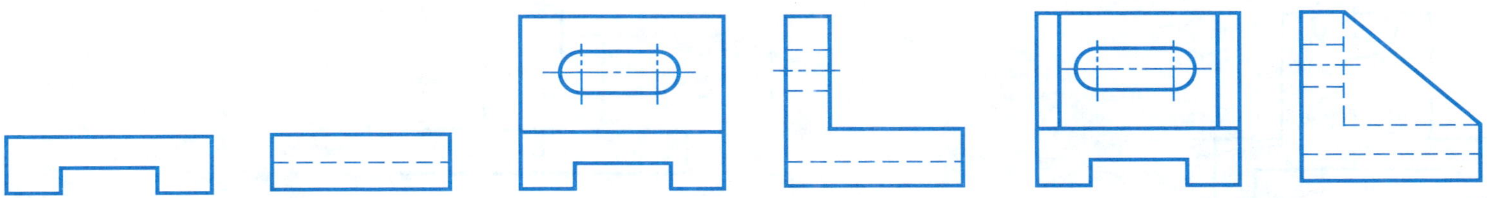

班级　　　　　　姓名

6-8 根据两视图想象物体形状并补画第三视图（一）

1.

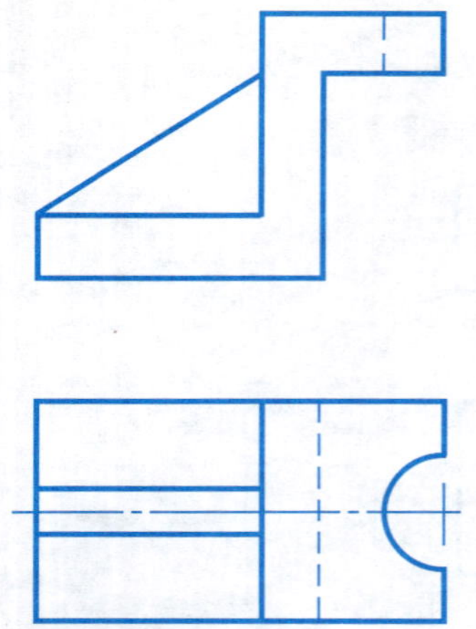

2.

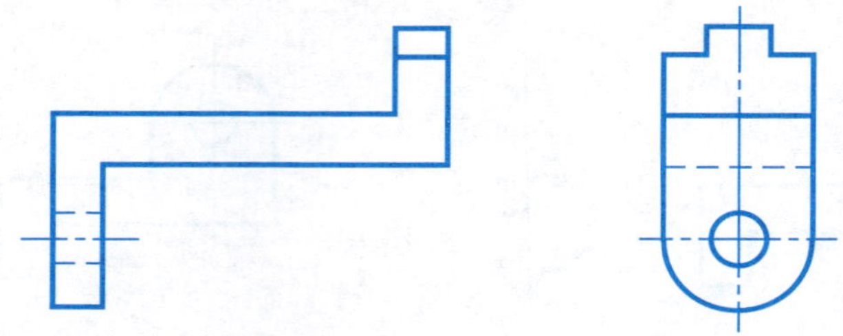

3.

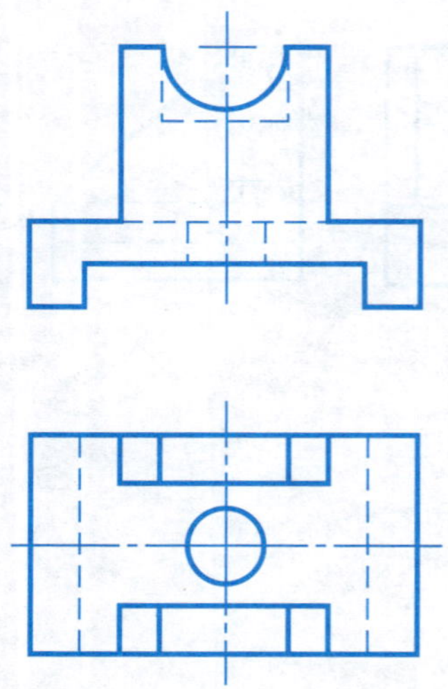

4.

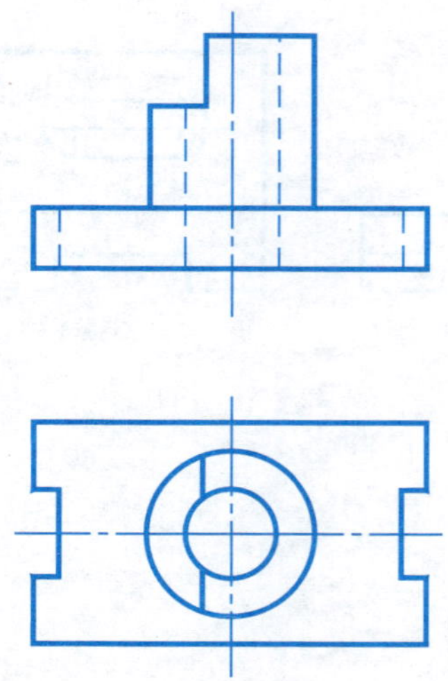

6-9 根据两视图想象物体形状并补画第三视图（二）

1.

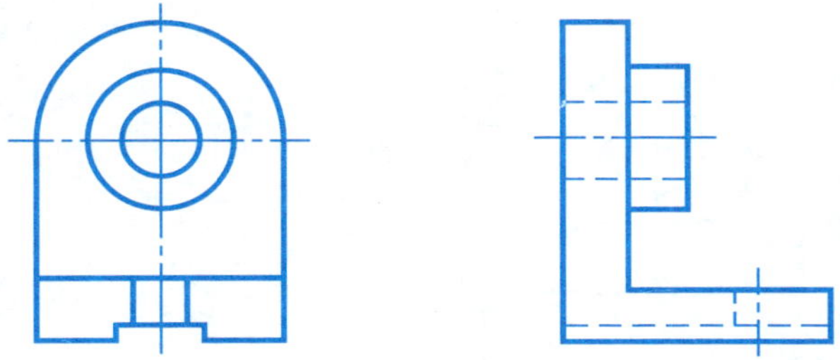

2.

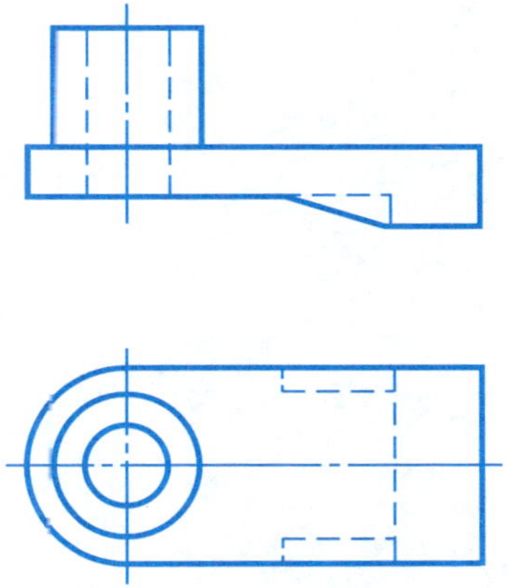

3.

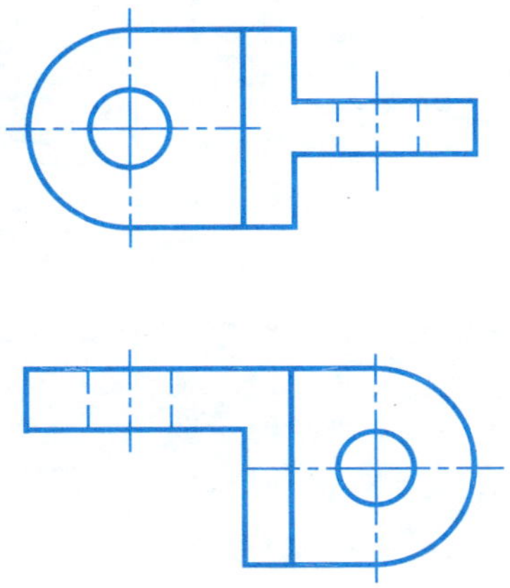

4.

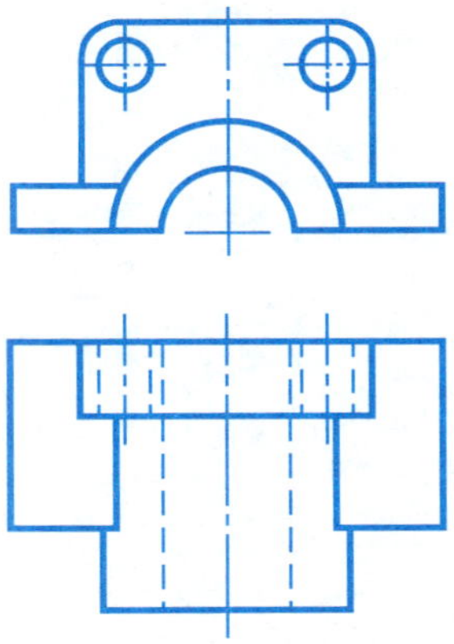

班级　　　　姓名

6-10 根据两视图想象物体形状并补画第三视图（三）

1.

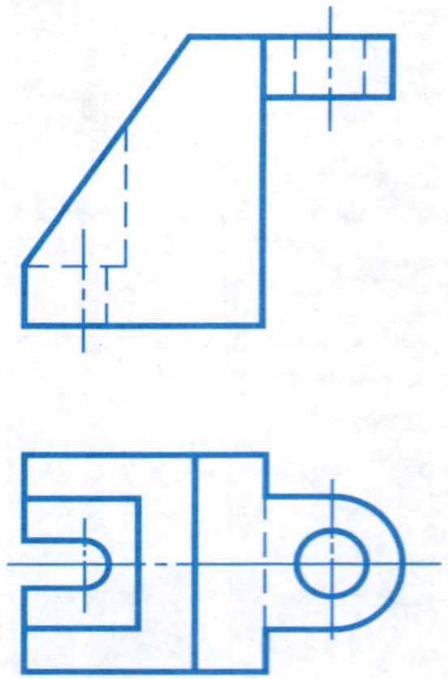

2.

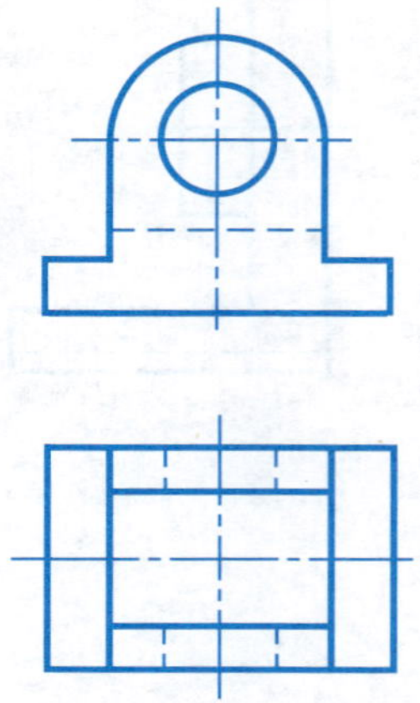

3.

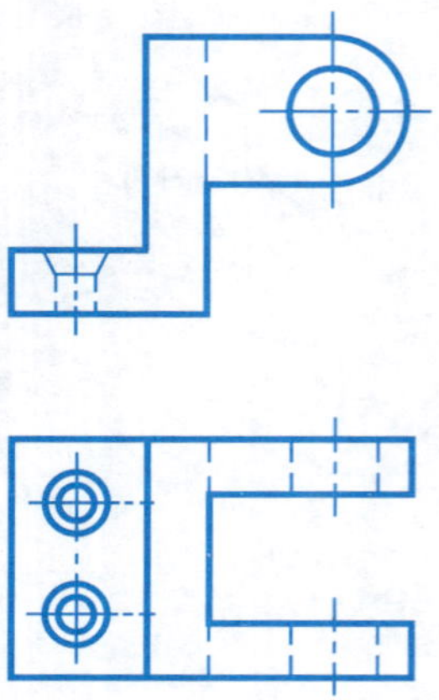

4.

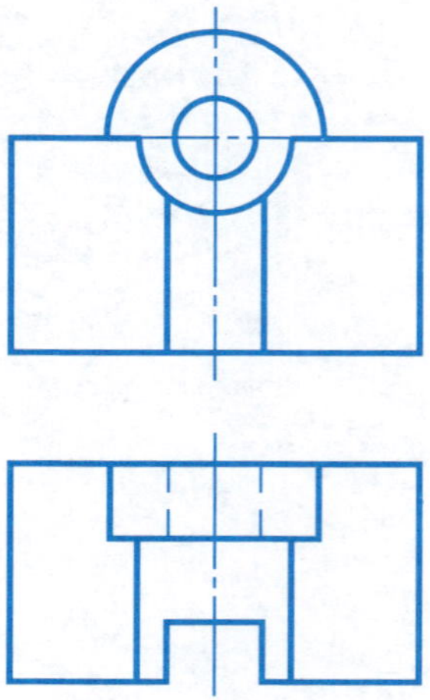

班级　　　　　　　　姓名

6-11 根据两视图想象物体形状并补画第三视图（四）

1.

2.

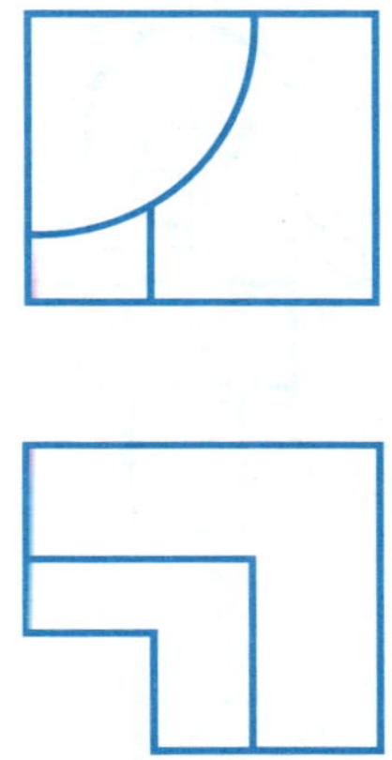

3.

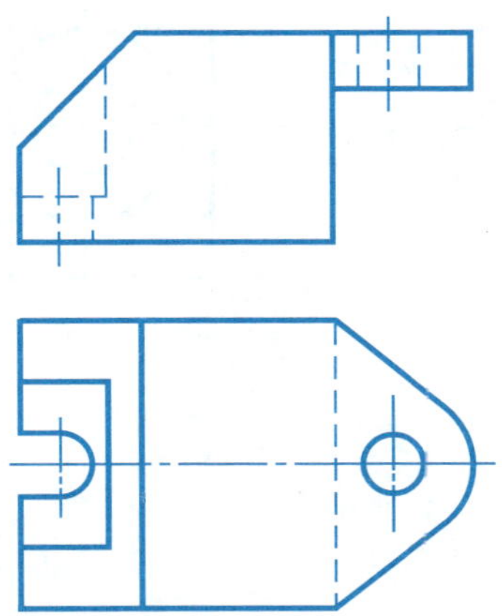

4.

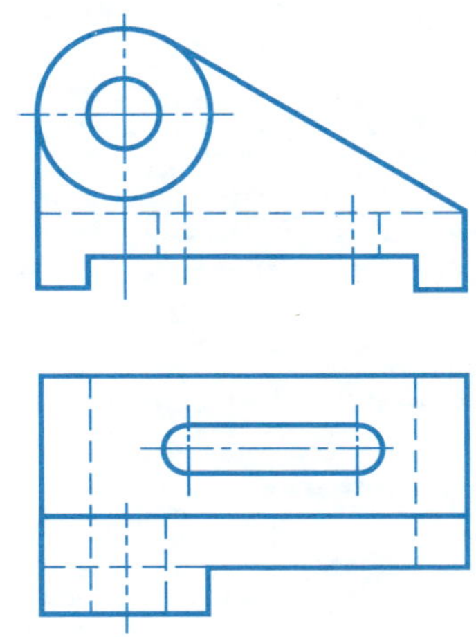

班级　　　　　　　姓名

6-12 根据两视图想象物体形状并补画第三视图（五）

1.

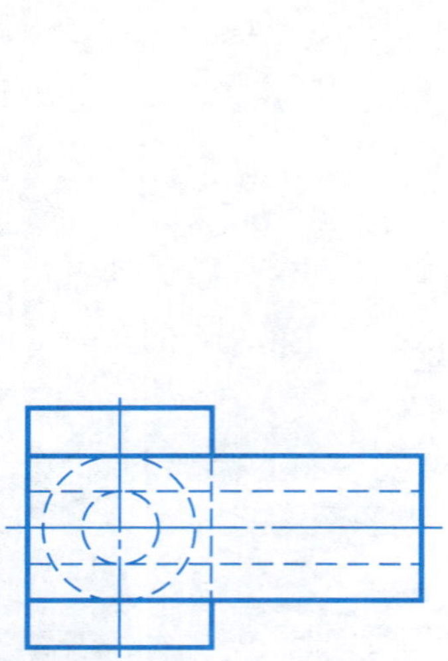

2.

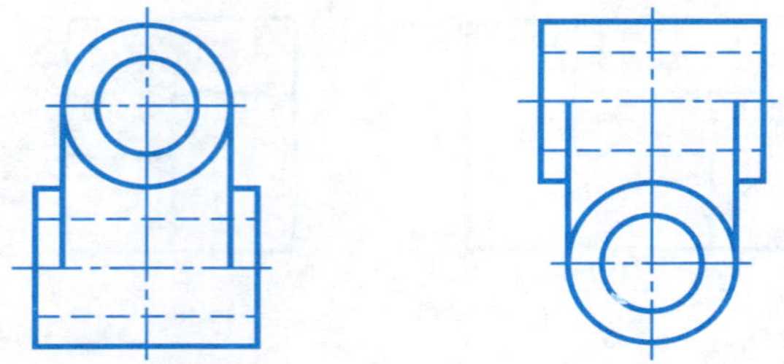

3.

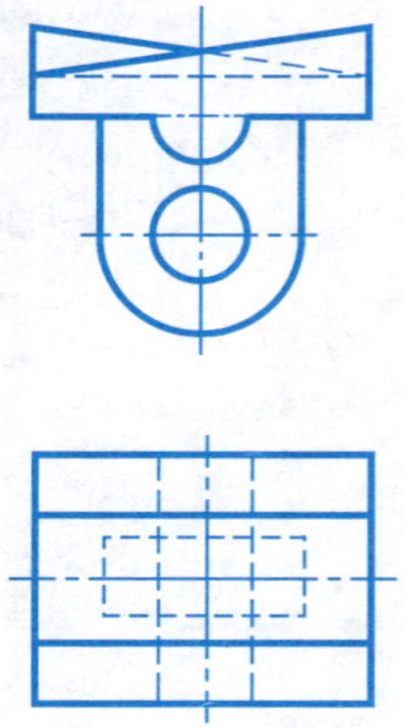

4.

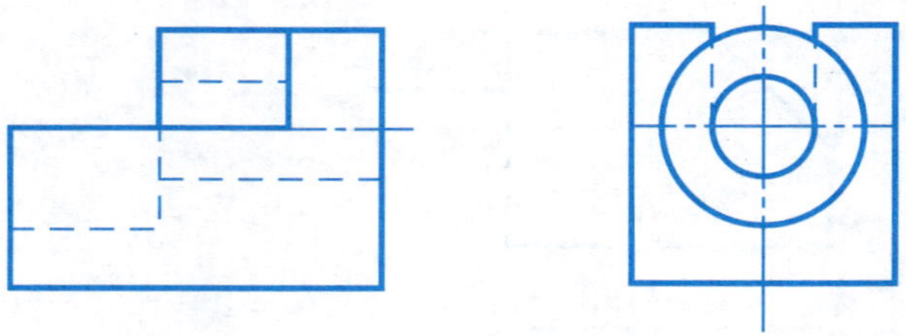

班级　　　　　　姓名

6-13 补画视图中所缺的图线

1.

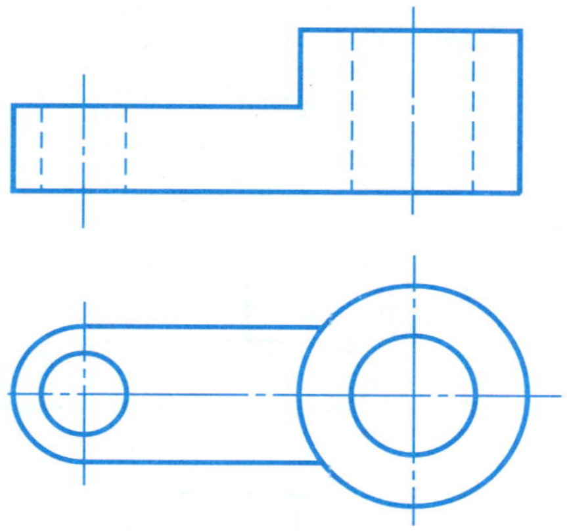

2.

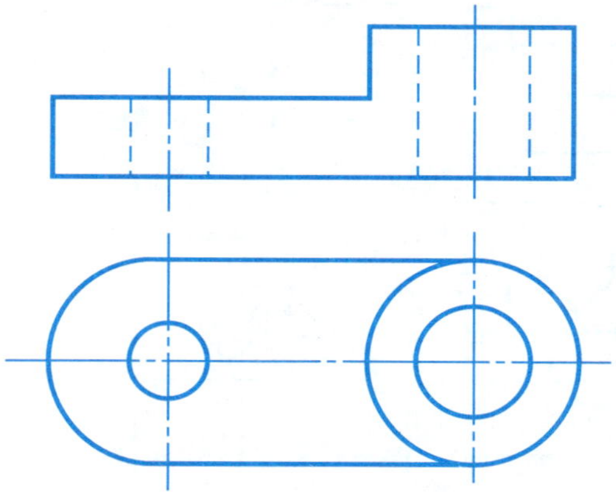

3.

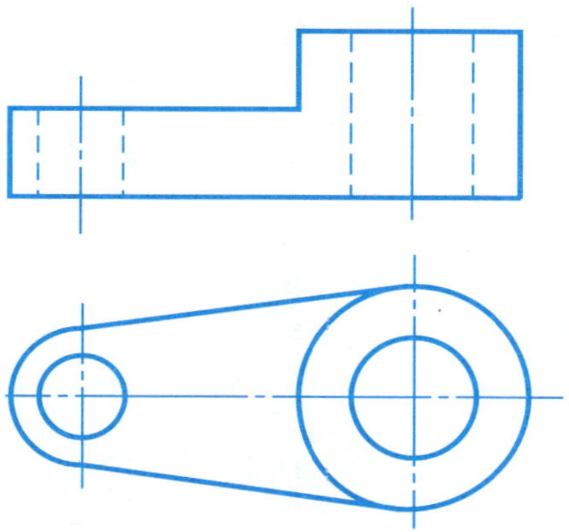

4.

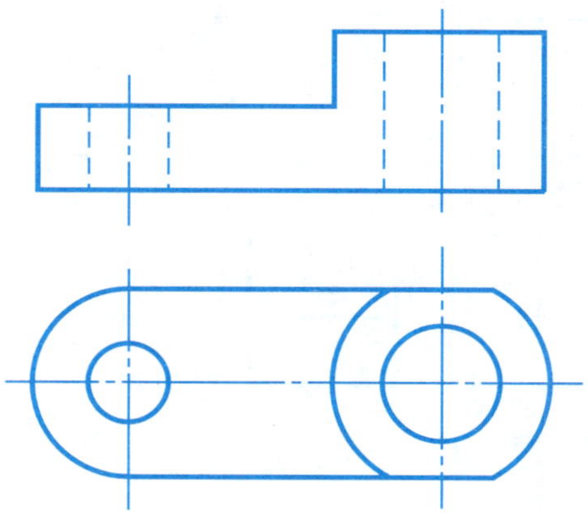

班级　　　　　　姓名

6-14 分析视图补缺线

1.

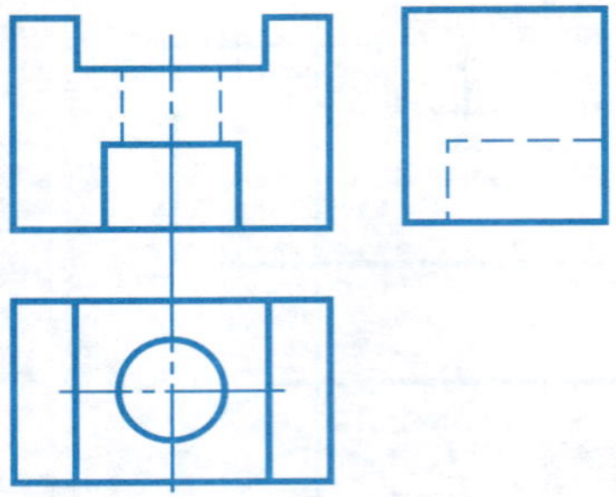

2.

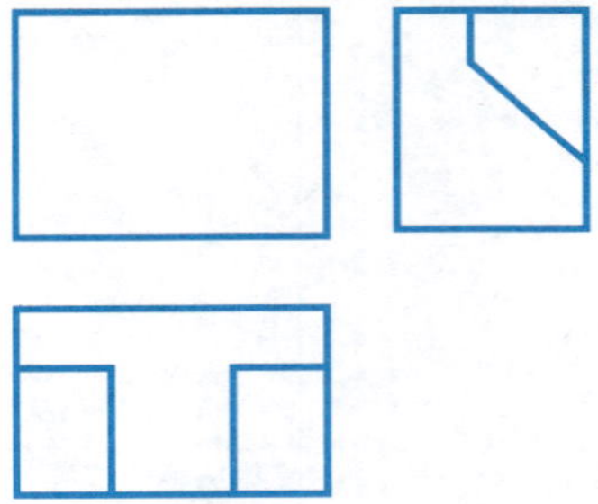

3.

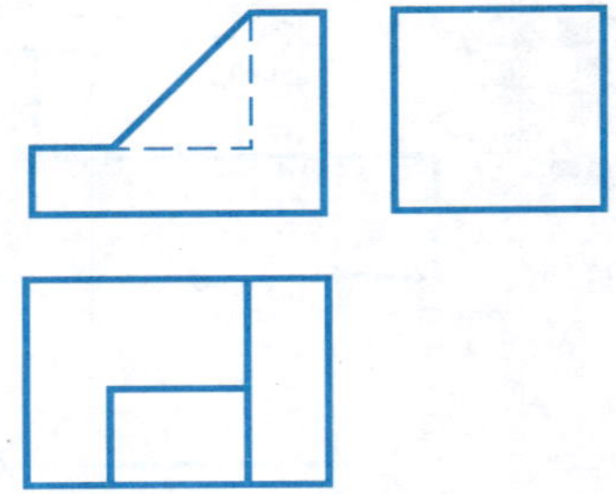

4.

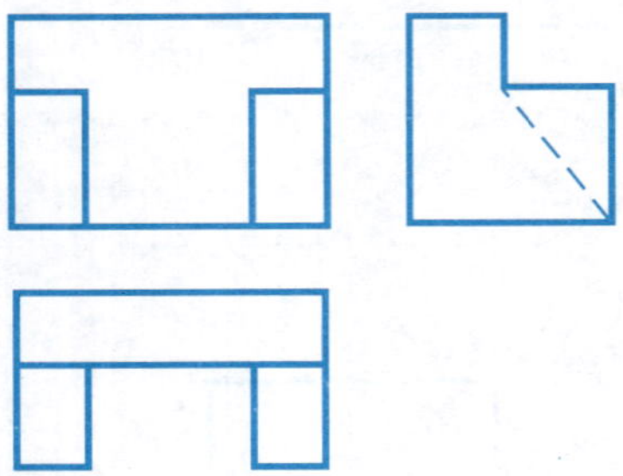

5.

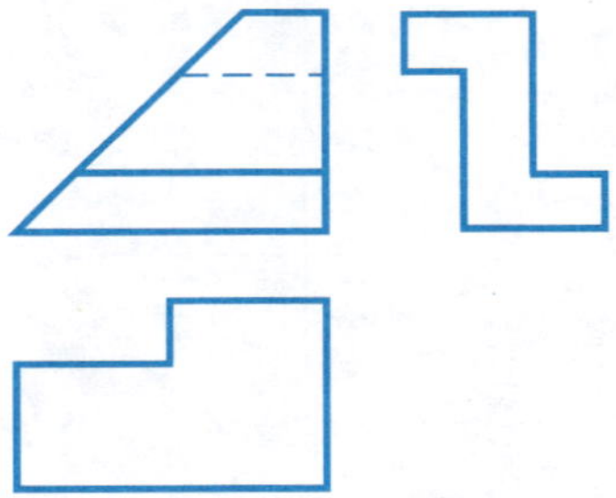

6.

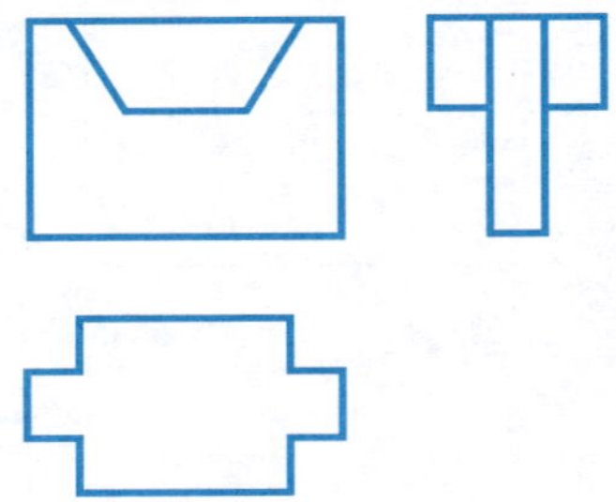

7.

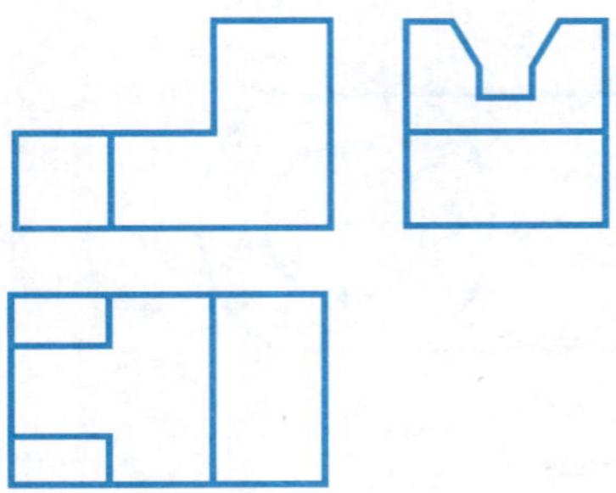

8.

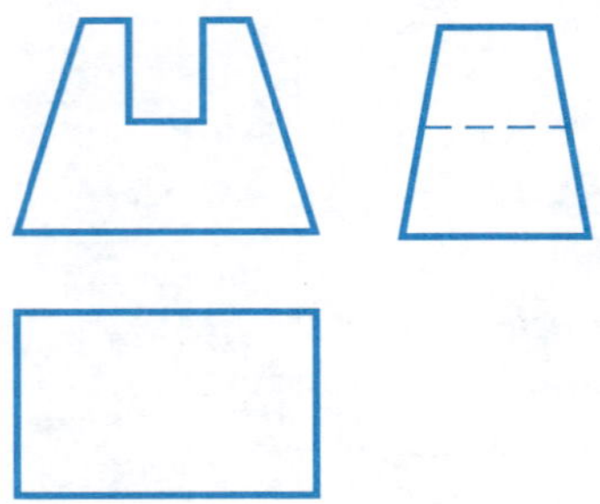

9.

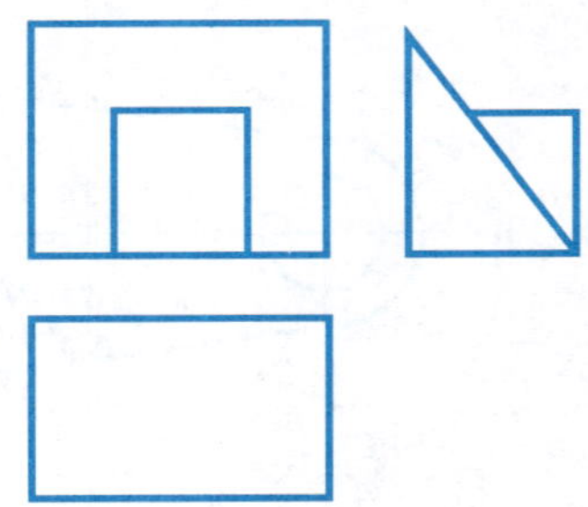

班级　　　　　姓名

6-15 补画视图中所缺的图线

按图中所指的图线和线框在其他视图上标出其投影，并判别它们与投影面以及相互之间的相对位置。

1.

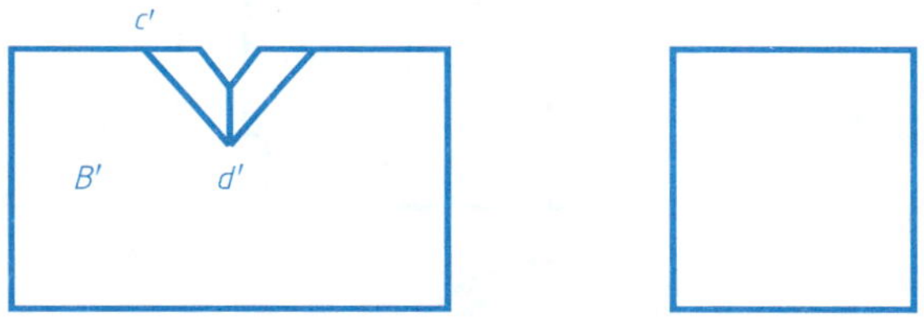

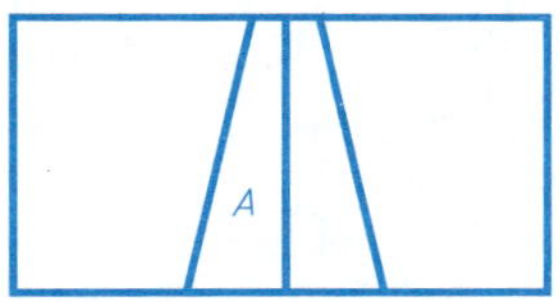

（1） *A* 面是________面；

（2） *B* 面是________面；

（3） *CD* 是________线。

2.

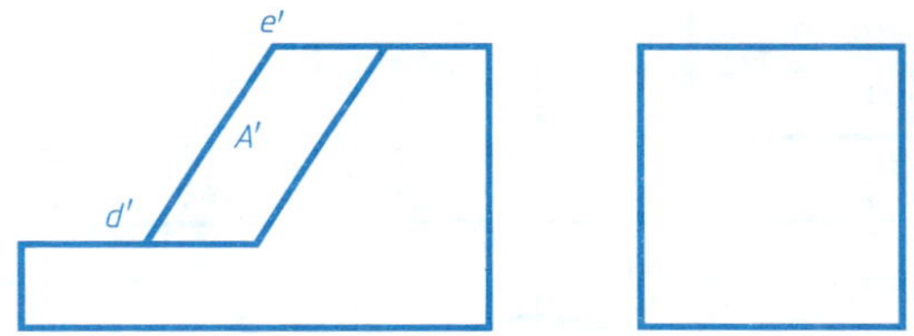

（1） *A* 面是________面；

（2） *B* 面在 *C* 面之____；

（3） *DE* 是________线。

3.

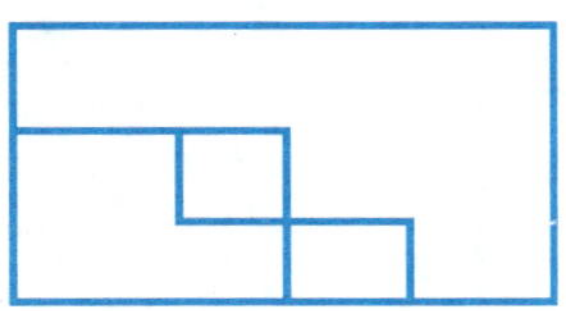

（1） *A* 面是__________面；

（2） *B* 面是__________面；

（3） *B* 面在 *A* 面之_____。

4.

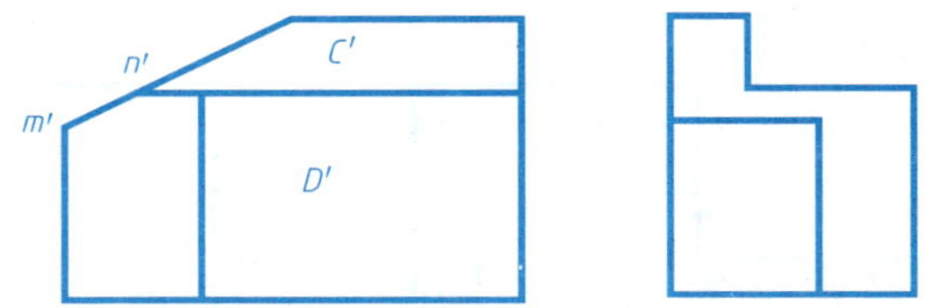

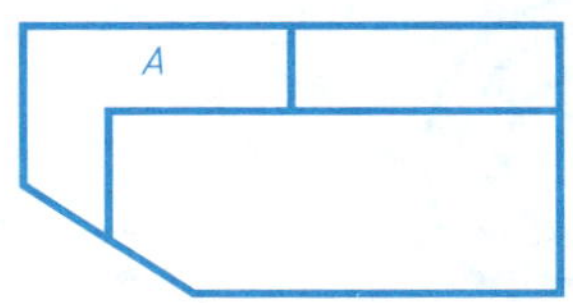

（1） *A* 面是________面；

（2） *D* 面在 *C* 面之____；

（3） *MN* 是________线。

班级　　　　　　姓名

6-16 分析视图补缺线

1.

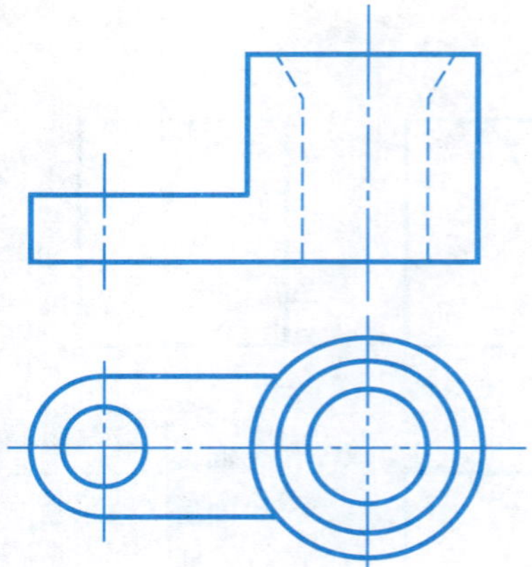

2.

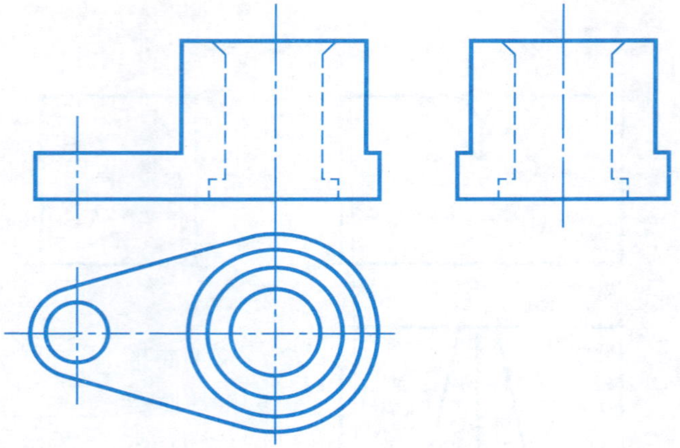

3.

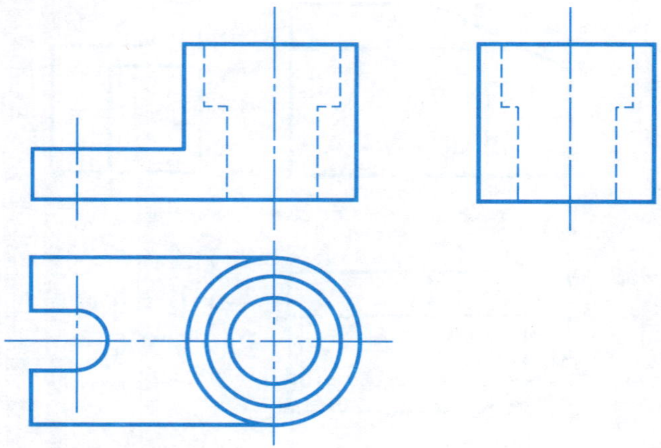

4.

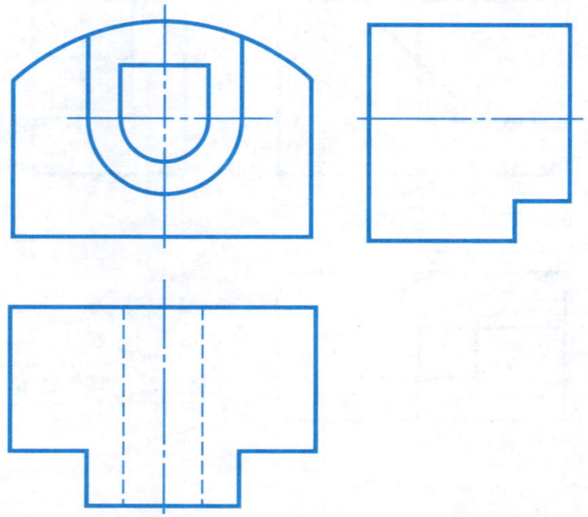

班级　　　　　　姓名

6-17 根据立体图用 AutoCAD 绘制物体的三视图

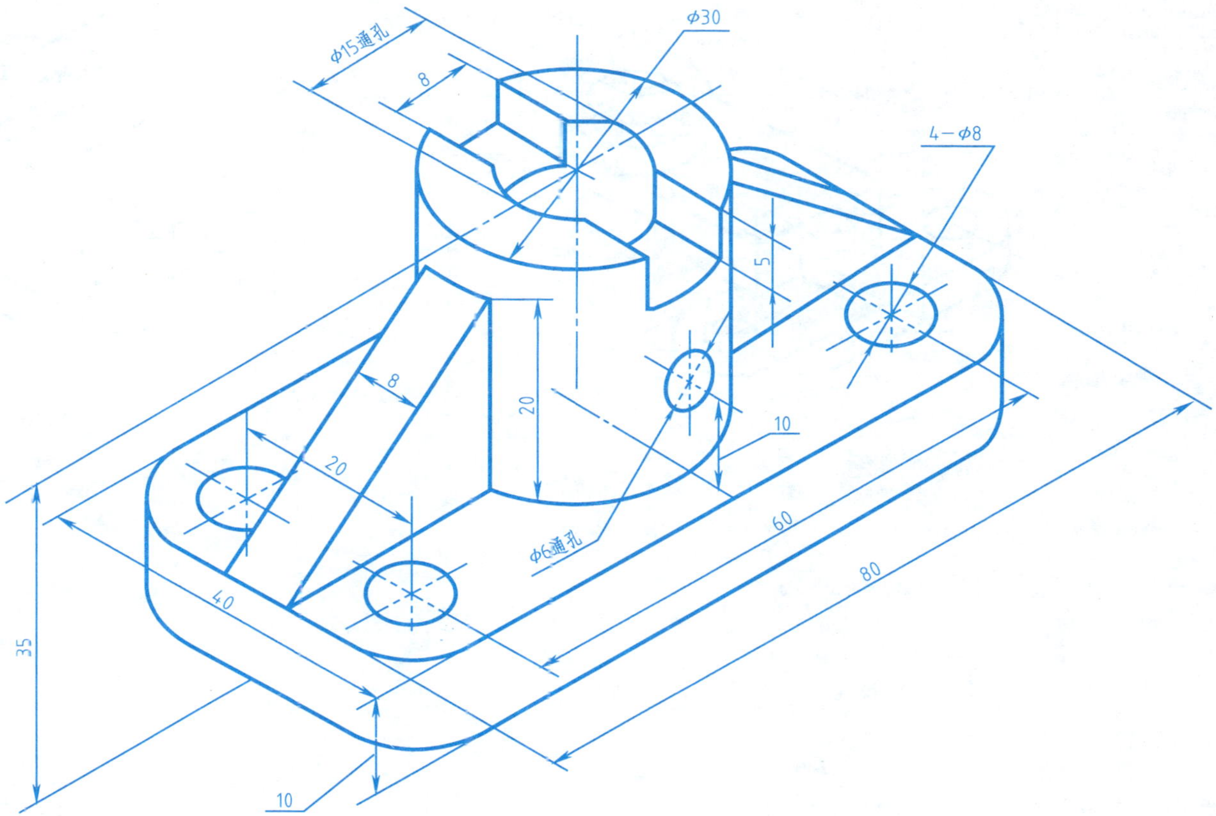

班级　　　　　　姓名

6-18 用 AutoCAD 绘制下列物体的三视图并标注尺寸（用 A3 图幅）

1.

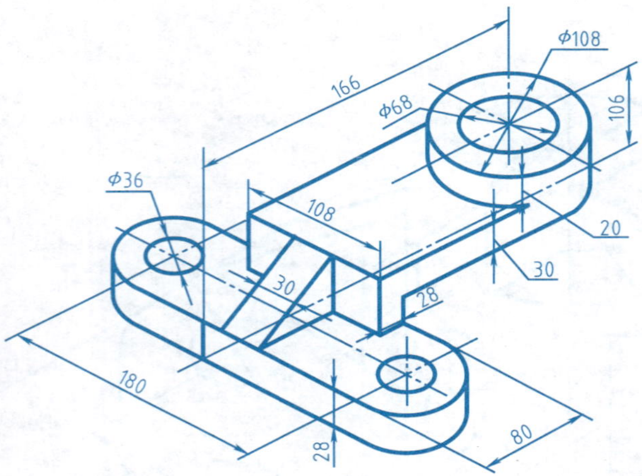

2.

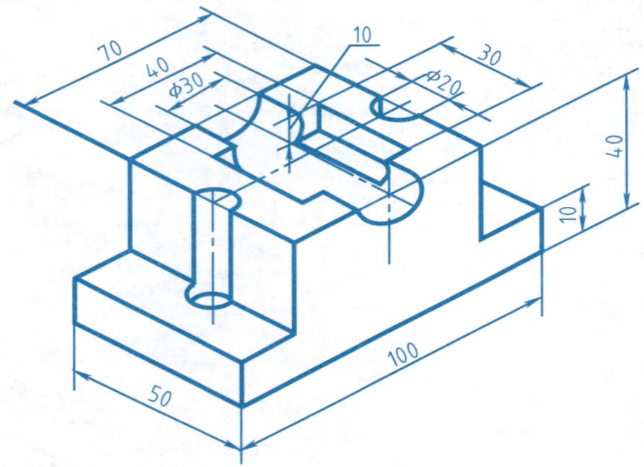

班级　　　　姓名

7-1　根据机件的三视图绘制其余三个视图

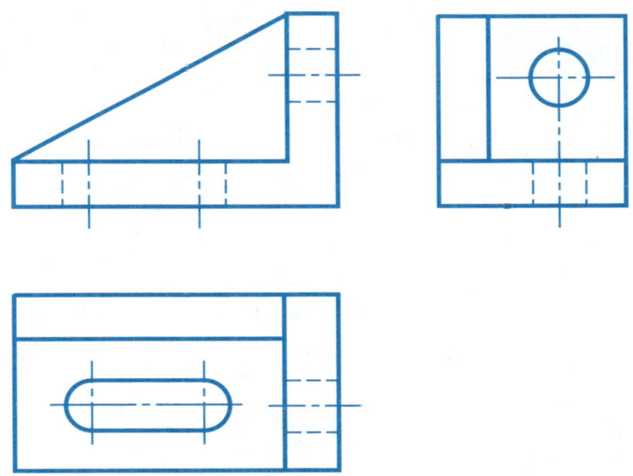

班级　　　　　　姓名

7-2　在指定位置作 *A* 向斜视图（倾斜和转正）和 *B* 向局部视图

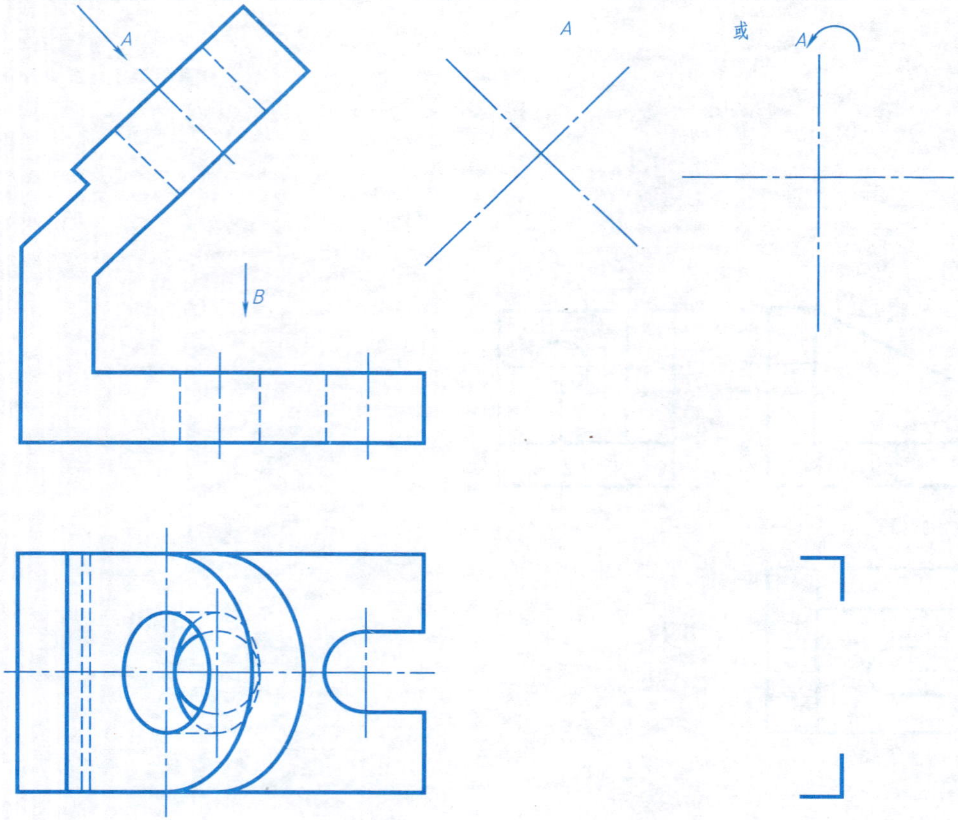

班级　　　　　姓名

7-3 斜视图和局部视图

参照（a）图，在（b）中画出 *A* 向斜视图

（a）

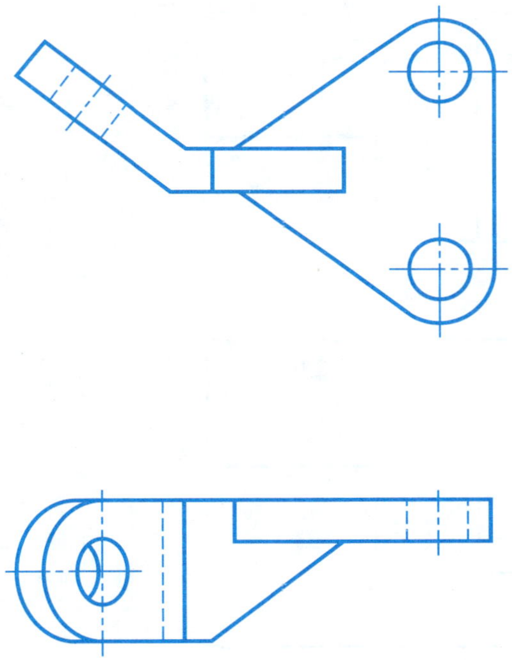

（b）

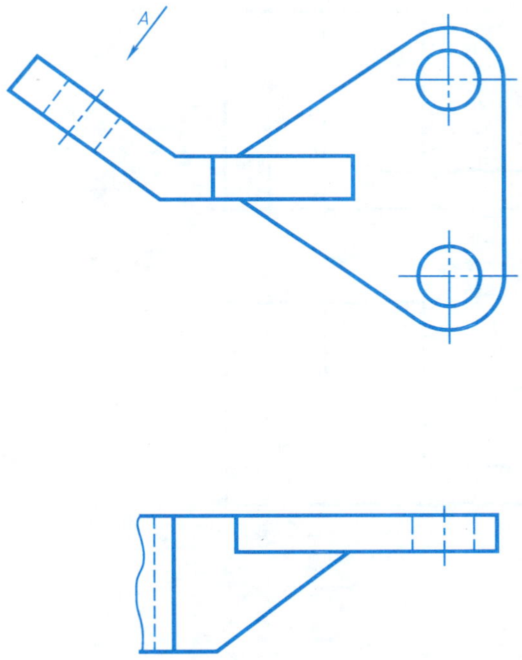

班级　　　　　姓名

7-4 剖视图

1. 在指定位置将机件的主视图改为全剖视图。

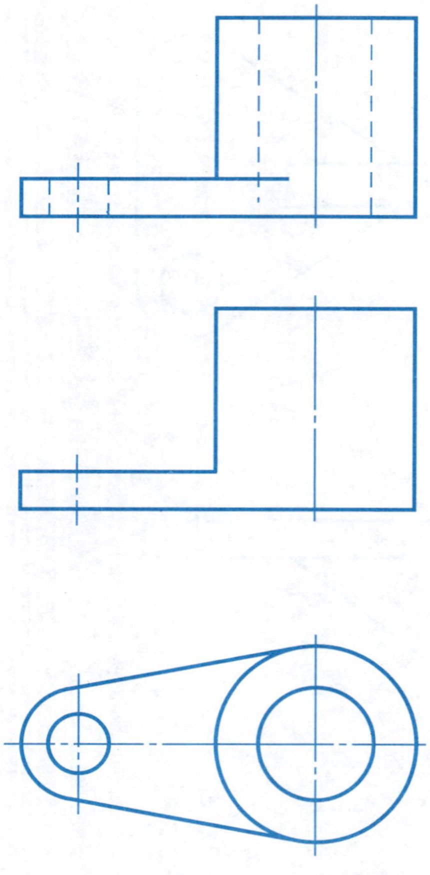

2. 在指定位置将机件的主视图改为全剖视图。

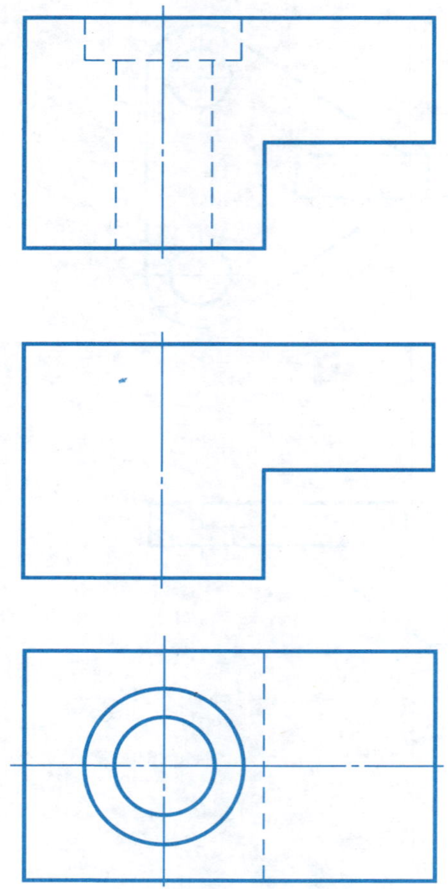

班级　　　　　　姓名

7-5 剖视图补线（一）

1.

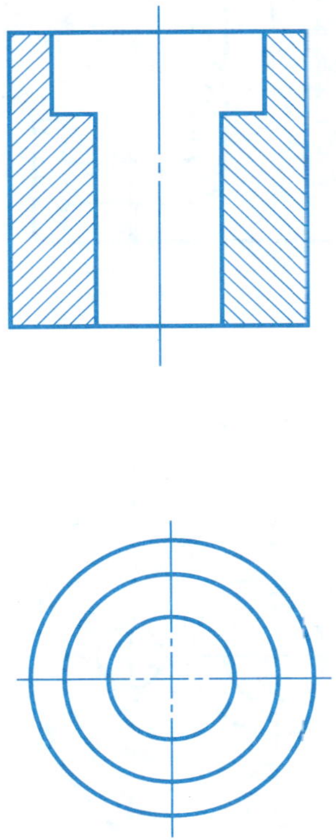

2.

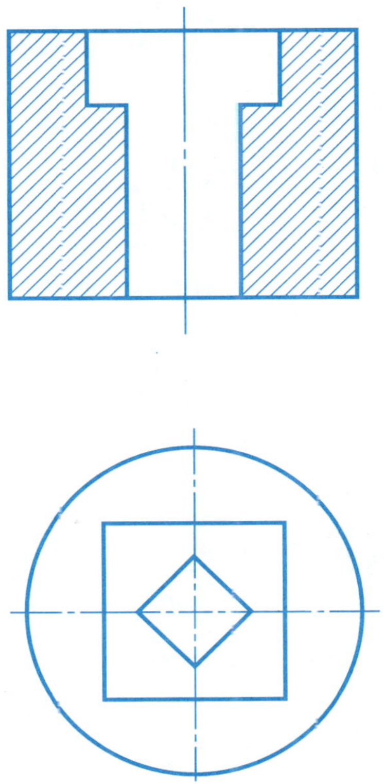

3.

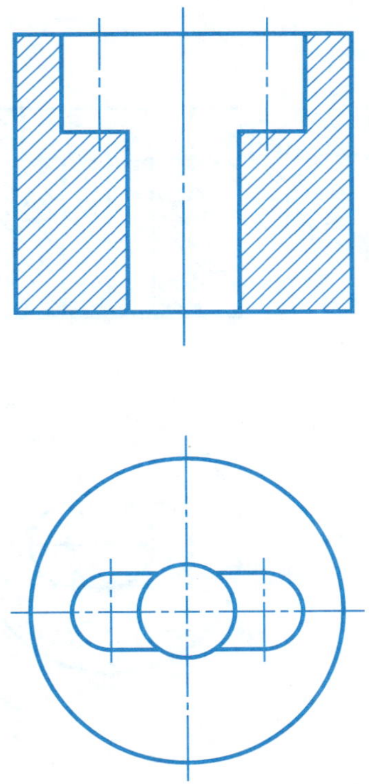

班级　　　　　　姓名

7-6 剖视图补线（二）

1.

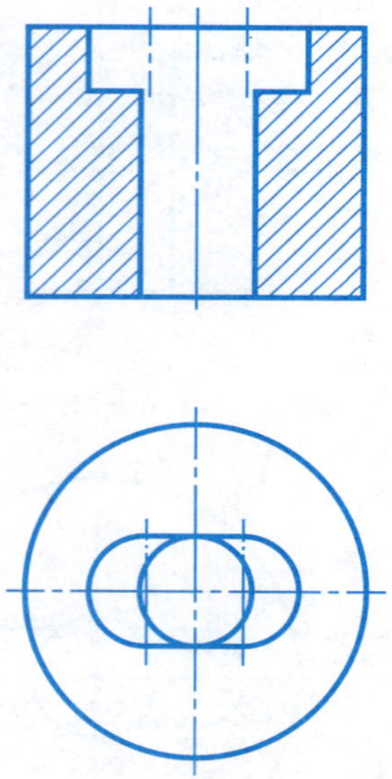

2.

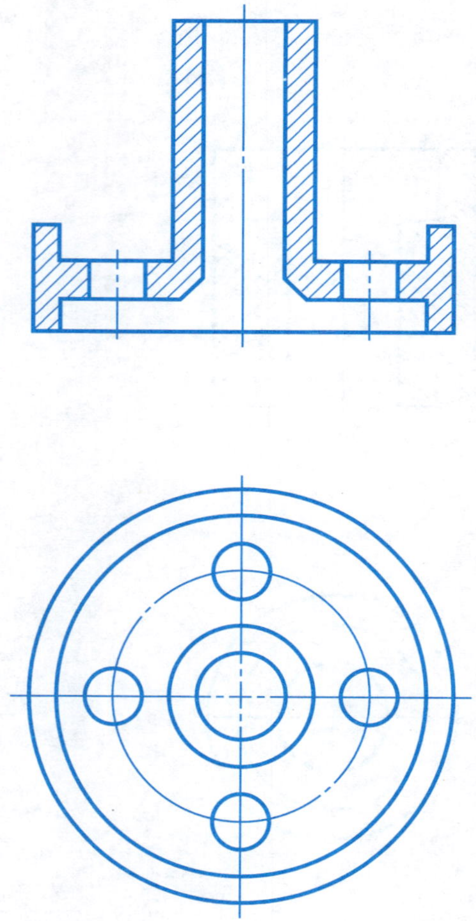

班级　　　　　姓名

7-7 剖视图补线（三）

1.

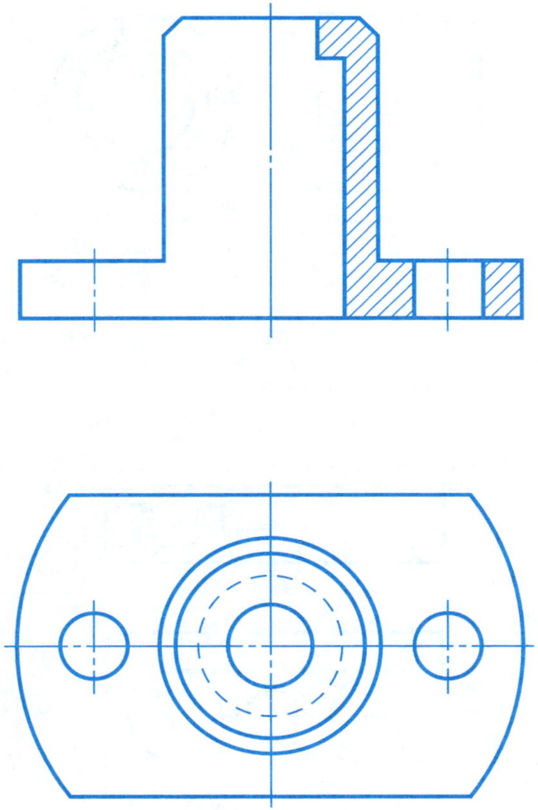

2.

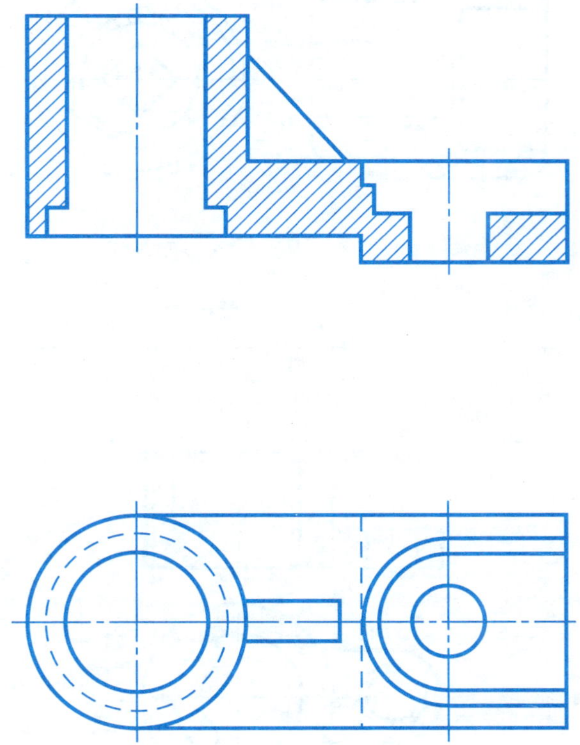

班级　　　　　　姓名

1.

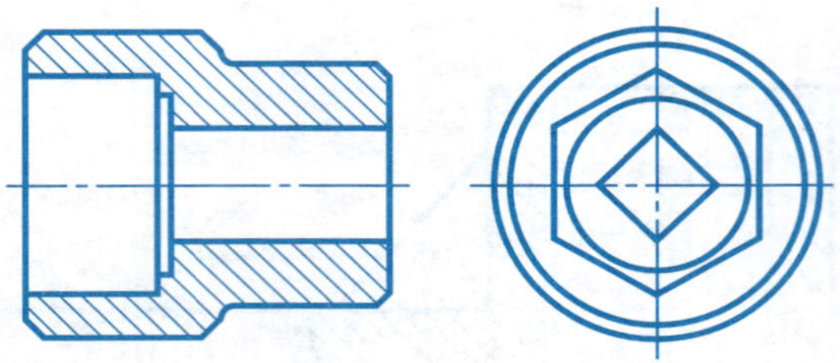

2.

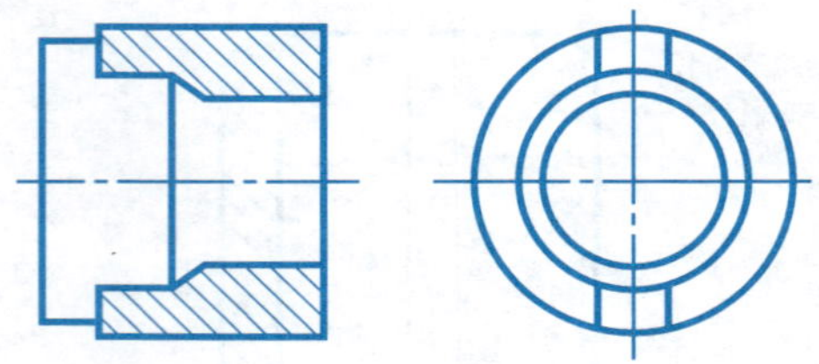

3.

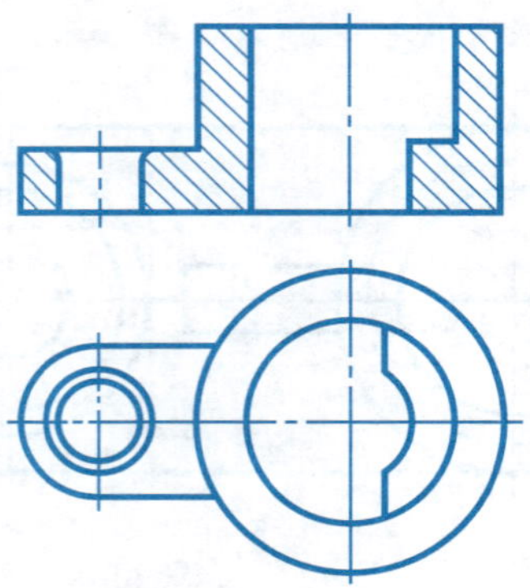

4.

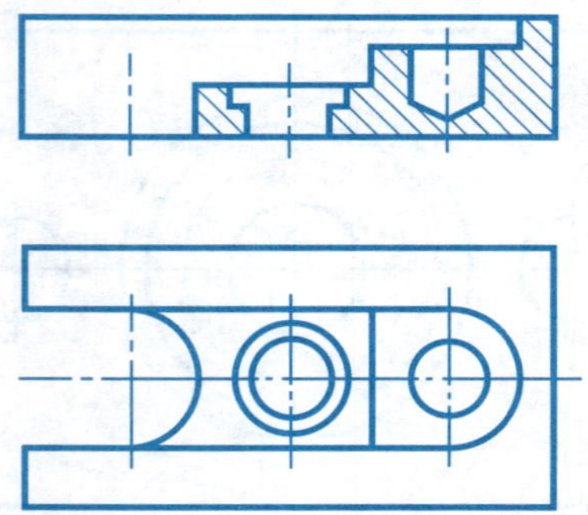

班级　　　　　　　姓名

7-9　将主视图改画成半剖视图（一）

1. 例

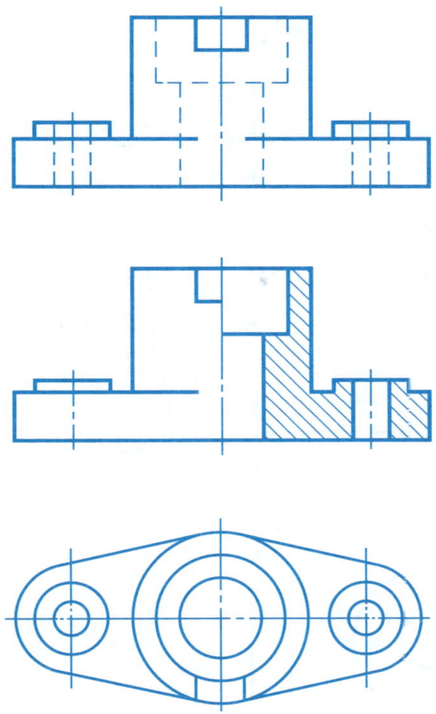

2.

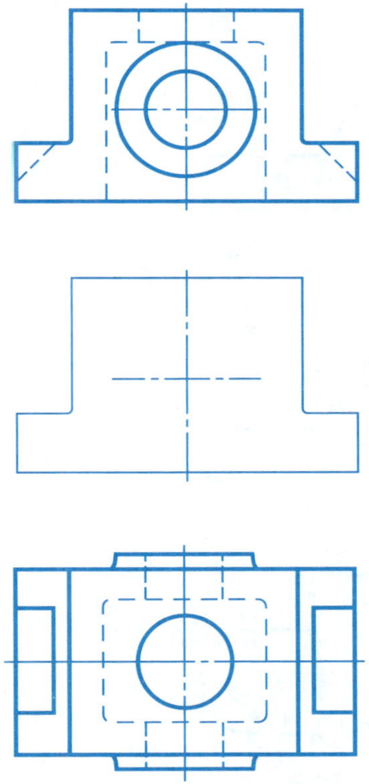

班级　　　　　　　姓名

7-10 将主视图改画成半剖视图（二）

1.

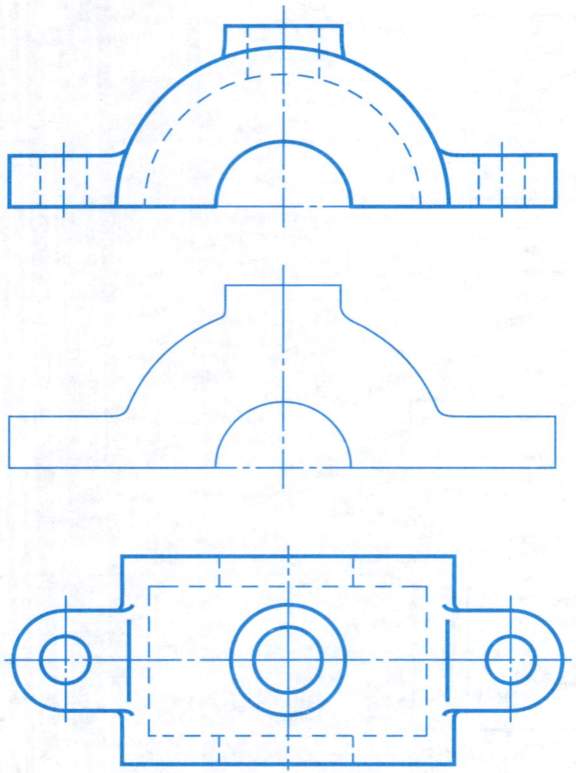

2.

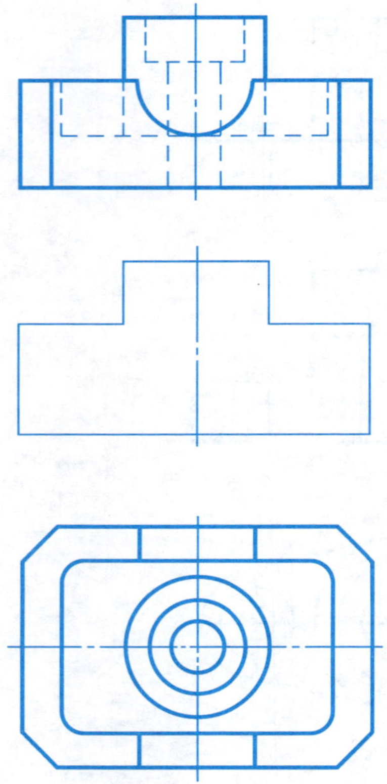

班级　　　　　姓名

7-11 将视图改画成局部剖视图

1. 将主视图改画成局部视图。

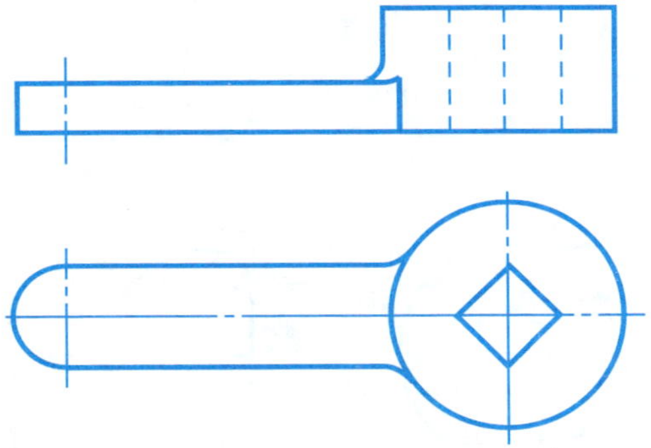

2. 将主、俯视图画成局部视图。

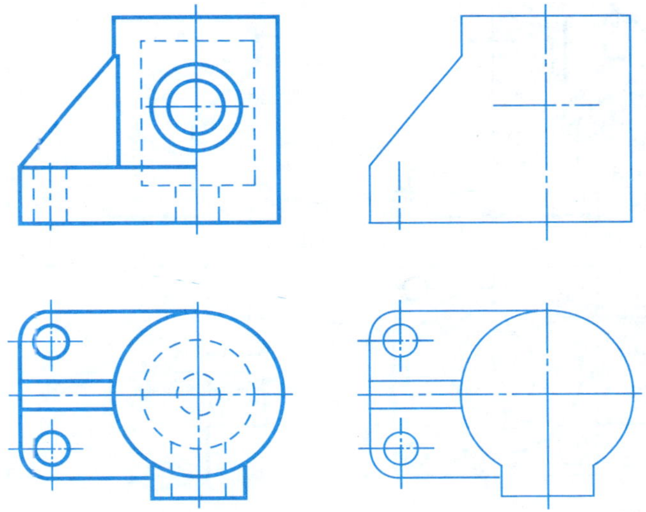

班级　　　　姓名

7-12 根据（a）图，在（b）图中将视图改画成局部剖视图

1.

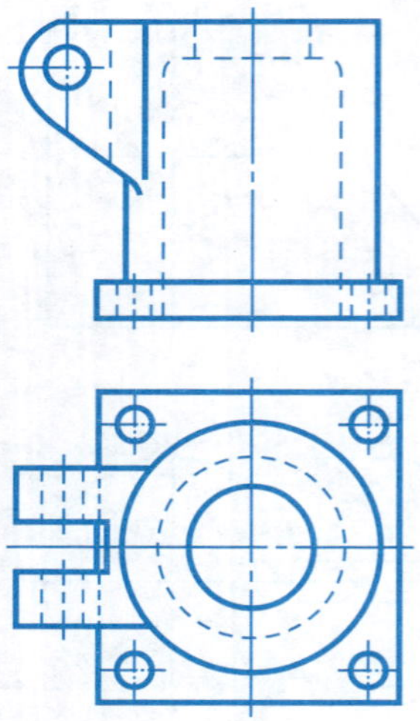

(a)

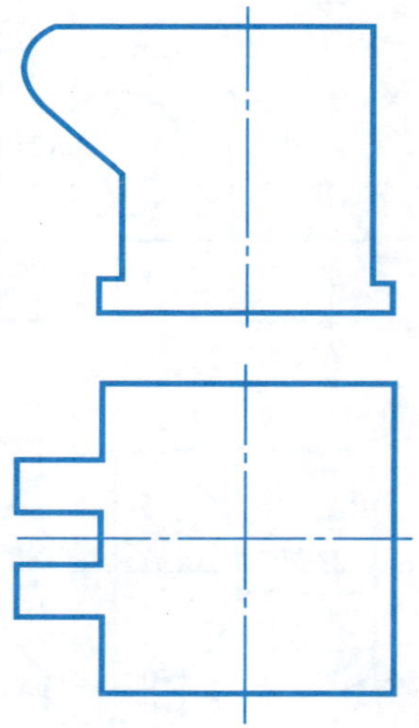

(b)

2.

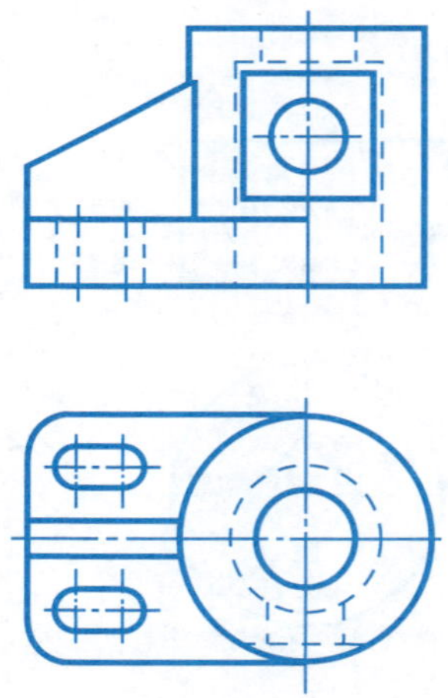

(a)

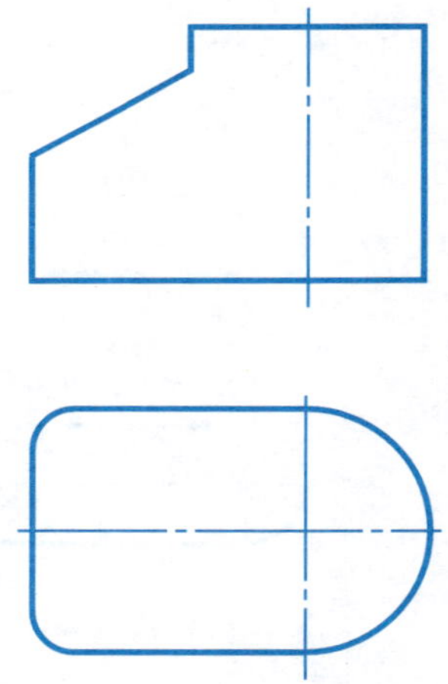

(b)

班级　　　　姓名

7-13 剖切方法（一）

作 C—C 剖视图，并在主视图上对 A—A、B—B 进行标注

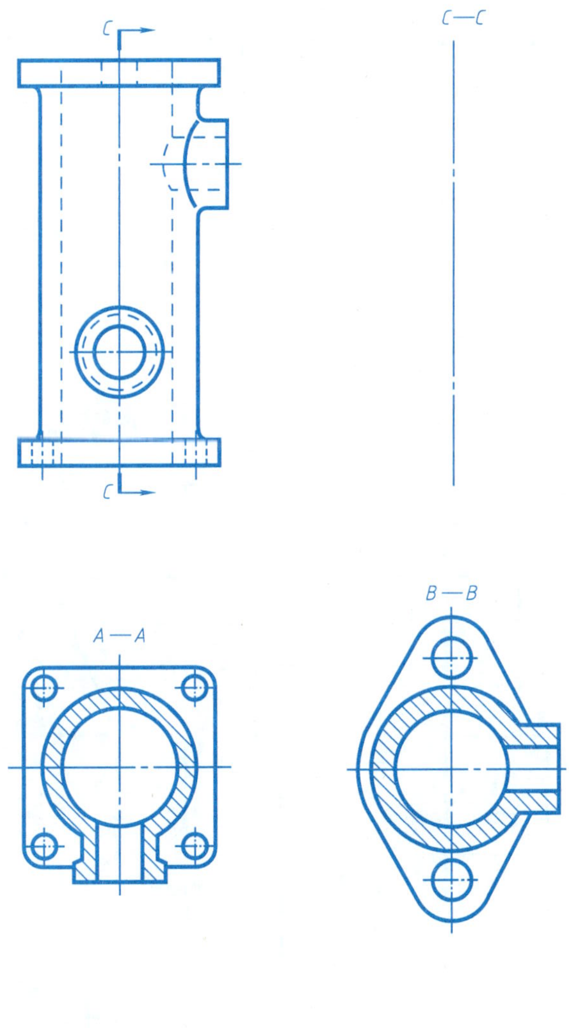

班级 姓名

7-14 剖切方法（二）

1. 采用阶梯剖，将机件的主视图画成全剖视图。

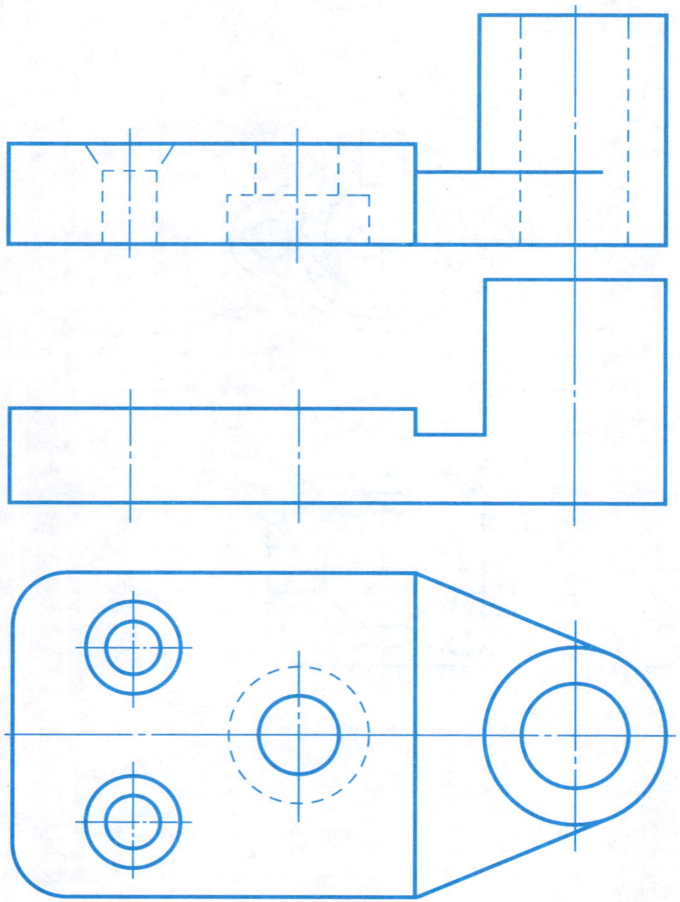

2. 将机件的俯视图画成全剖视图（旋转剖）。

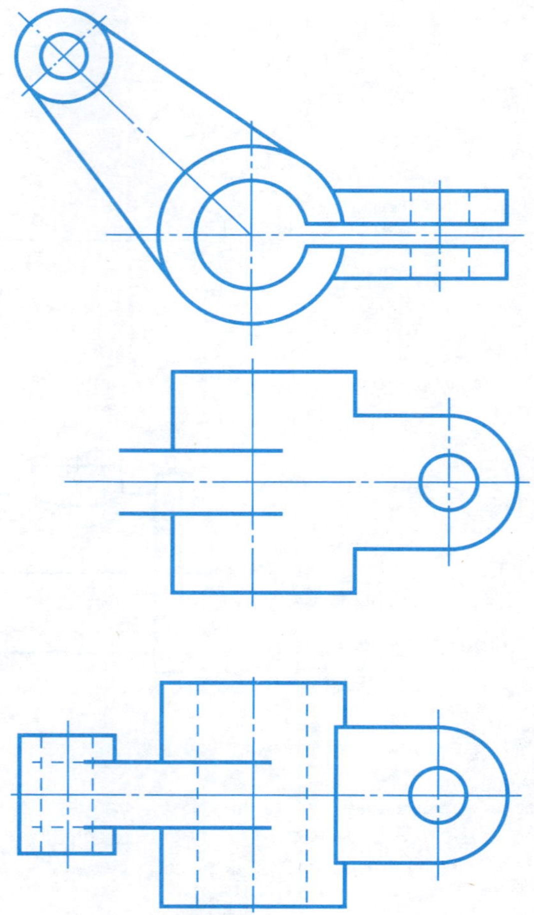

班级　　　　姓名

7-15 剖切方法（三）

1. 作复合全剖视图。

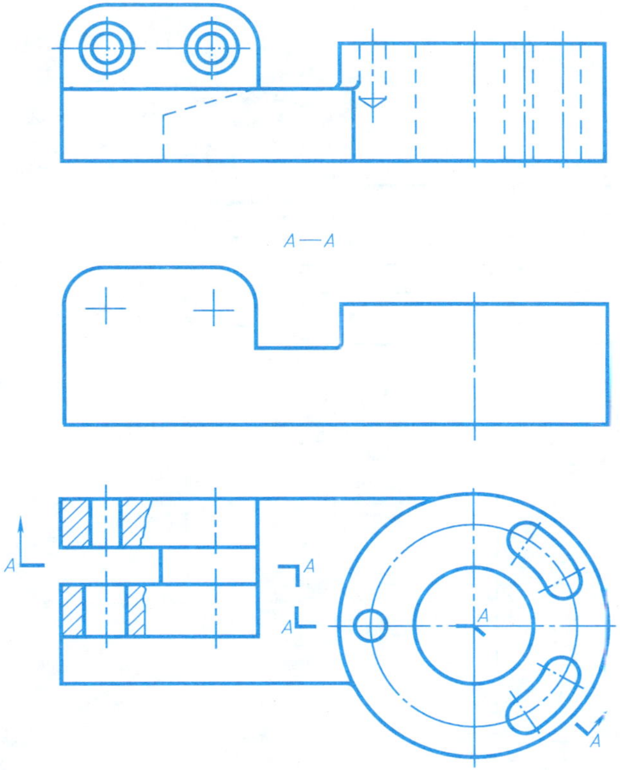

2. 作复合全剖视图。

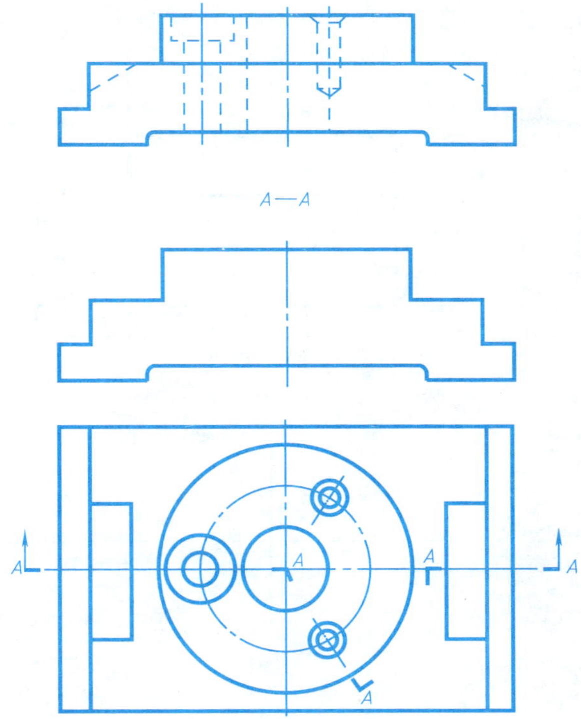

班级　　　　　　姓名

7-16　断面图（一）

在给定位置作断面图，并标注（左面平键槽深 4mm，右面半圆键槽宽 6mm）。

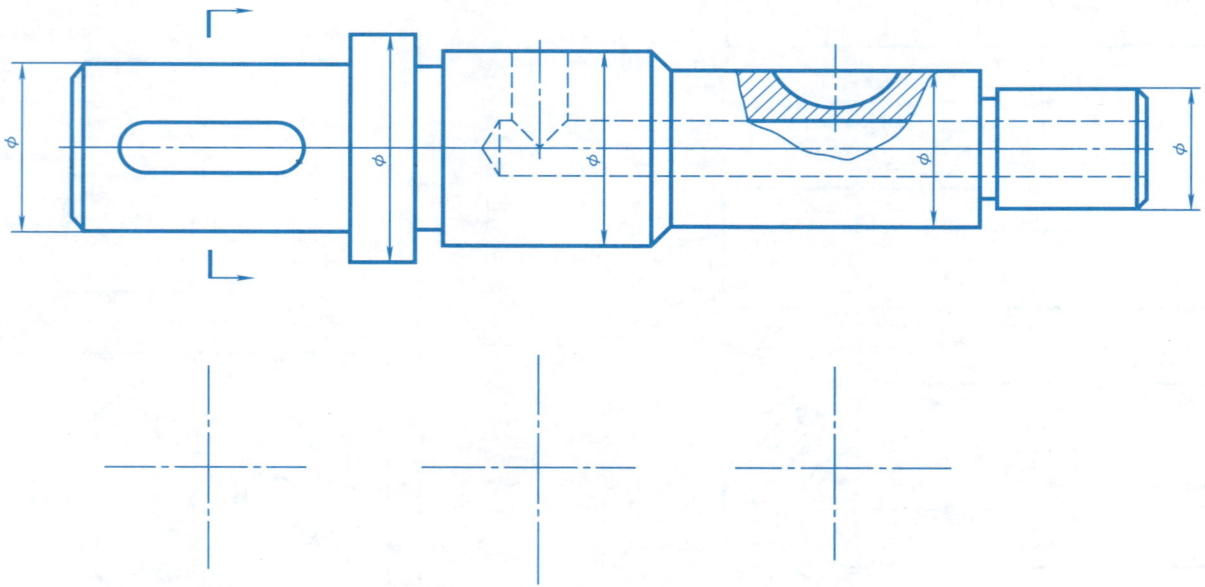

班级　　　　姓名

1. 找出正确的剖面，在括号内正确的划“√”，错误的划“×”。

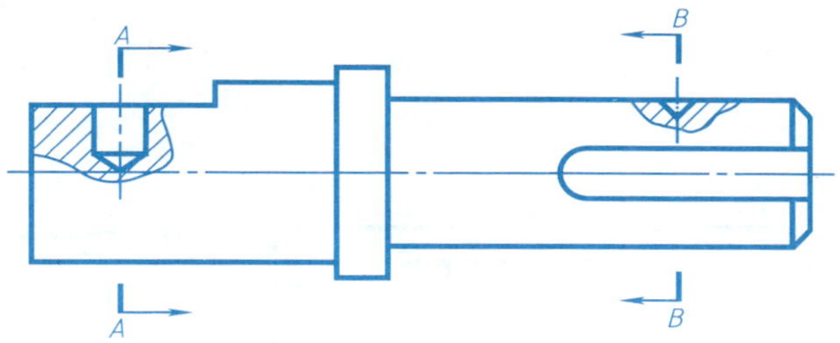

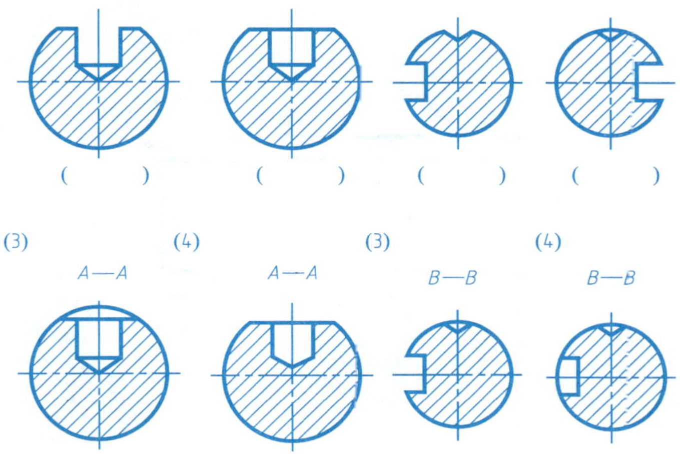

2. 找出对应的剖面图形，并作标注。

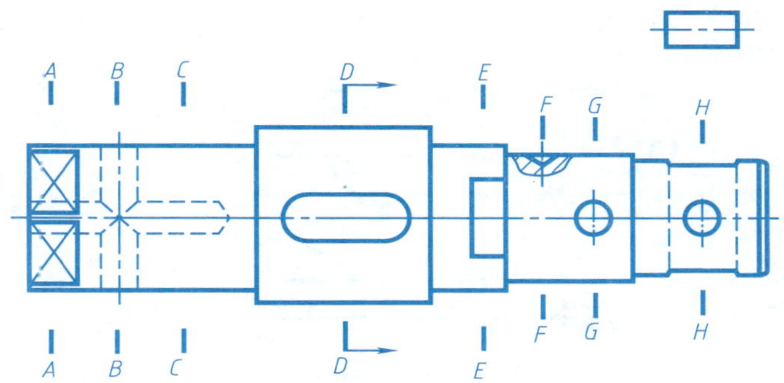

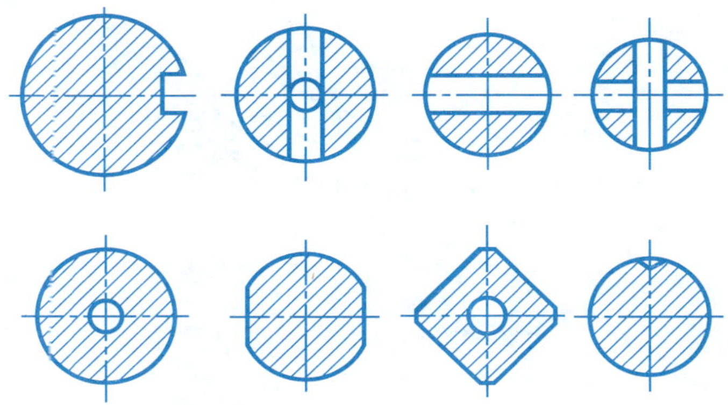

班级　　　　　　姓名

7-18　重合断面图

1. 参照轴测图，在给出位置作重合断面。

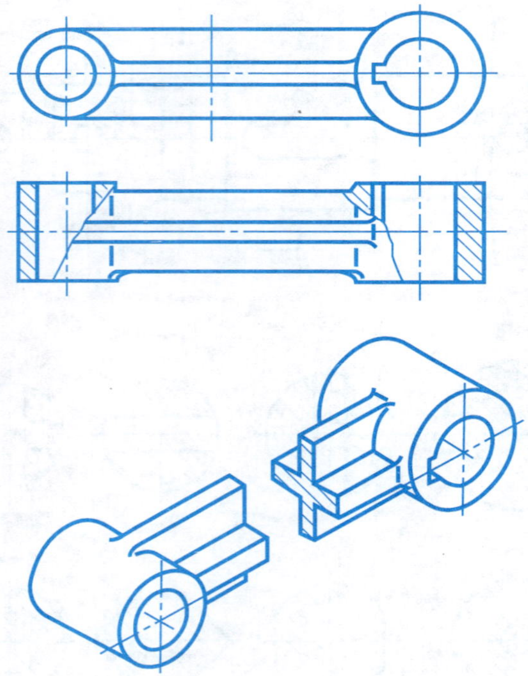

2. 参照（a）图，在（b）图中画出重合断面。

（a）

（b）

班级　　　　　姓名

7-19 简化画法

看懂视图，作填空题。

1.

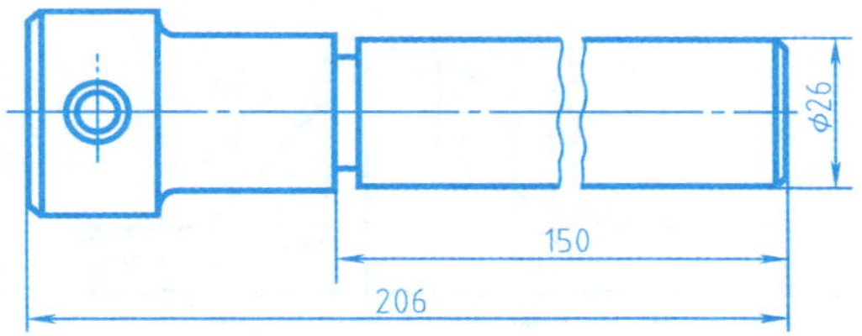

视图中采用了较长机件的______画法，对于沿长度方向的形状一致或按一定规律变化时，可______绘制，但必须按机件原来______标注尺寸，此机件该部分尺寸为______。

2.

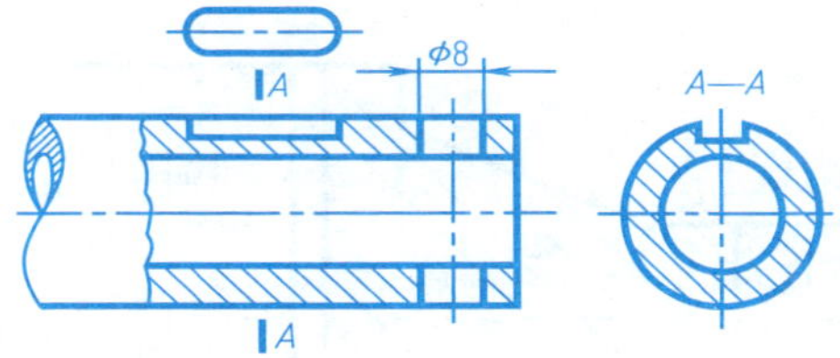

主视图中的相贯线采用了______画法，在不致引起误解时，允许用______或______取代非圆曲线。图中______和______与空心圆筒的相贯线是用______画的。

3.

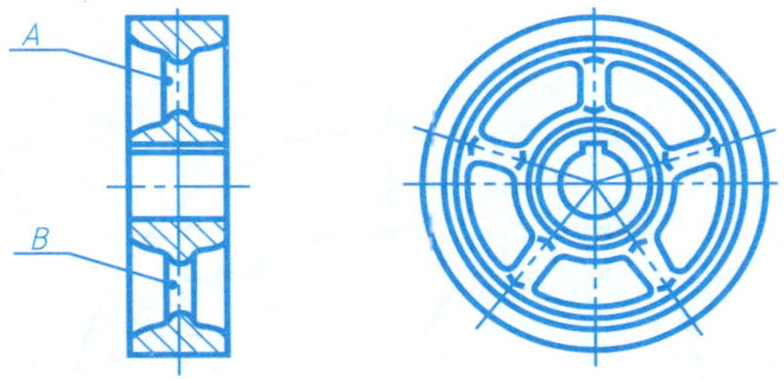

机件上肋板、轮辐等结构如纵向剖切都不画______符号，并用______实线将它们与相邻结构分开。如主视图所标______的部分。当机件回转体上均匀分布的肋、轮辐、孔等结构不处于剖切平面上时，可将这些结构______到剖切平面上画出，如所标______的部分。

4.

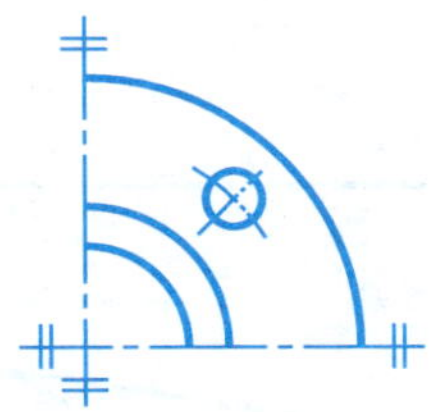

视图中采用了对称机件的______画法，在不致引起误解时，对于对称机件的视图可以只画______或______，并在对称中心线的两端画出______条与其垂直的______，此机件上有______个相同直径的小孔。

班级　　　　　　姓名

7-20 画剖视图

改正剖视图上的错误，在给出的位置上画出正确的剖视图。

1.

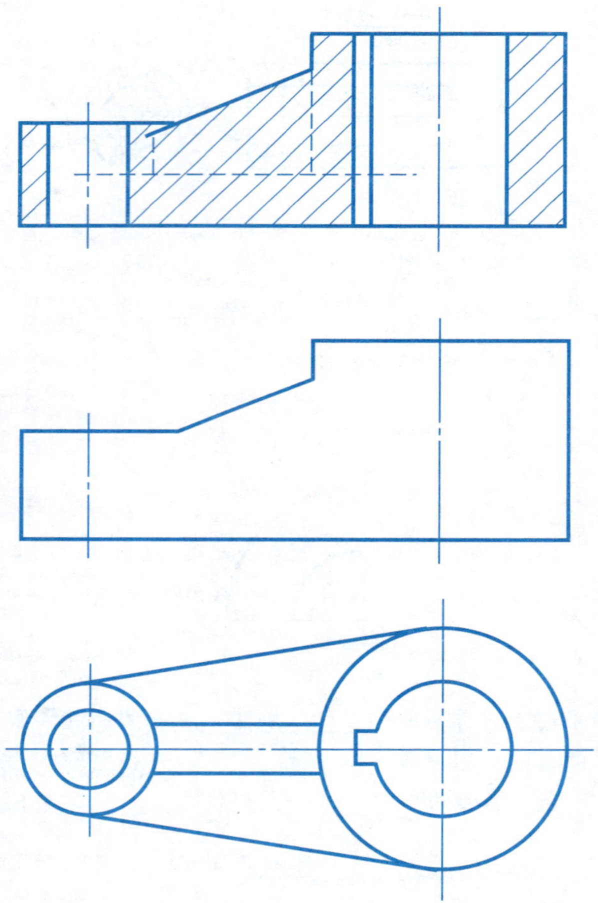

2.

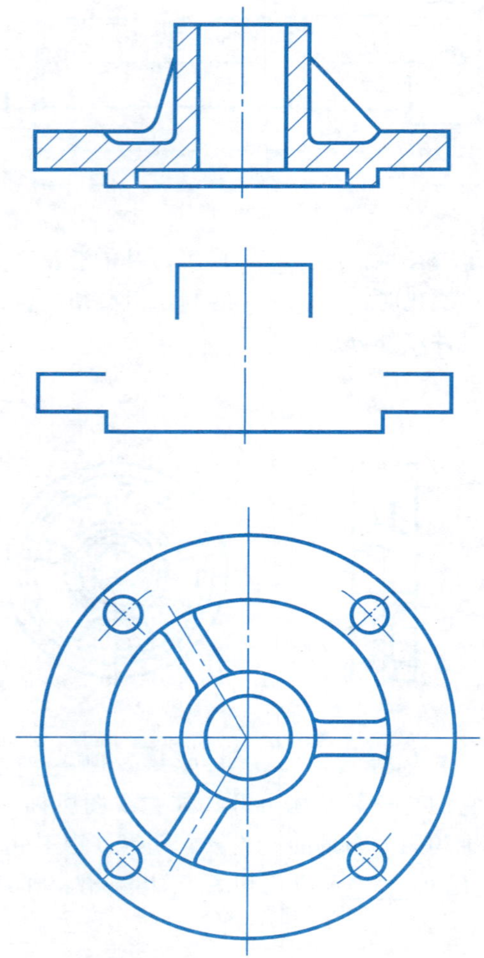

班级　　　　　　姓名

7-21　机件的表达方法（一）

由二视图补画第三视图，选择合适的剖视，采用 1∶1 的比例画在 A3 图纸上。

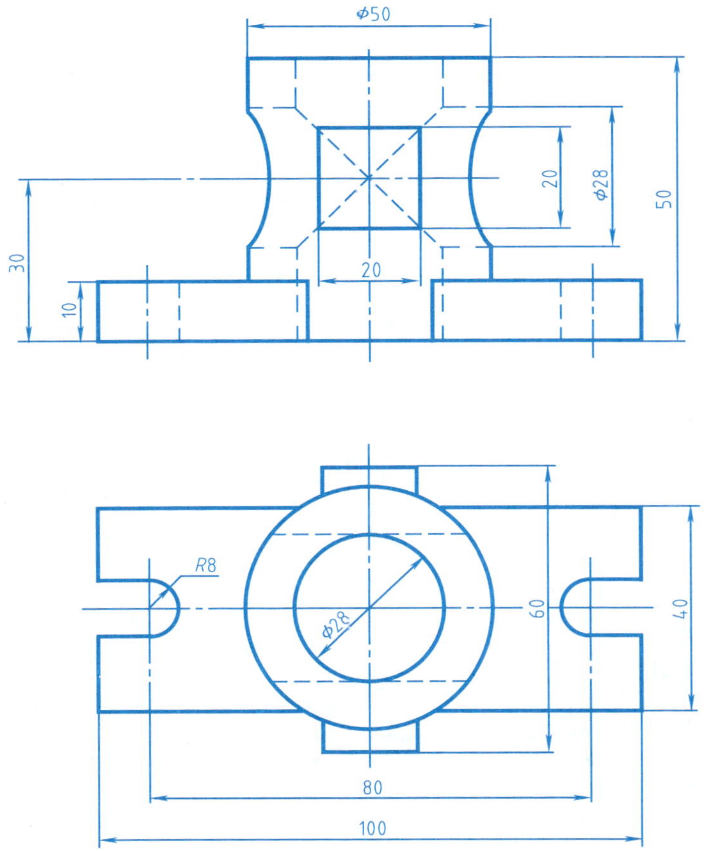

班级　　　　姓名

7-22 机件的表达方法（二）

主、俯视图分别采用全剖和半剖视图，左视图采用适当的剖视，并标注尺寸（尺寸数值从图中量取整数，按 1∶1 画在 A3 图纸上）。

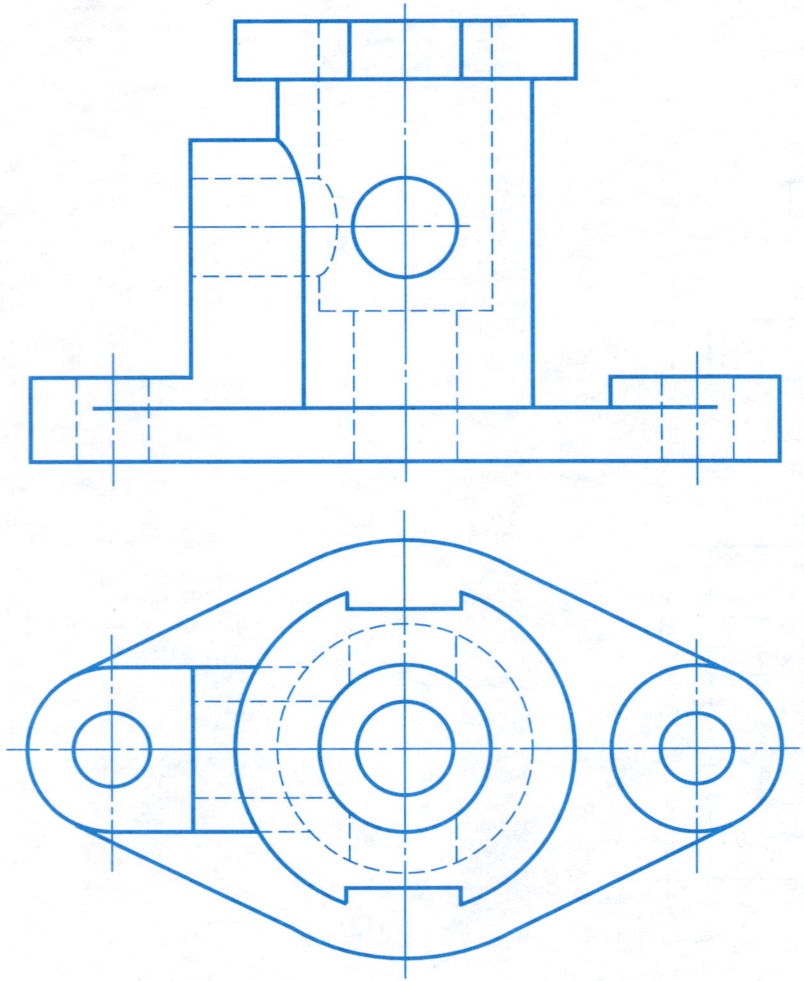

班级　　　　　　姓名

7-23 机件的表达方法（三）

读图，并作填空题

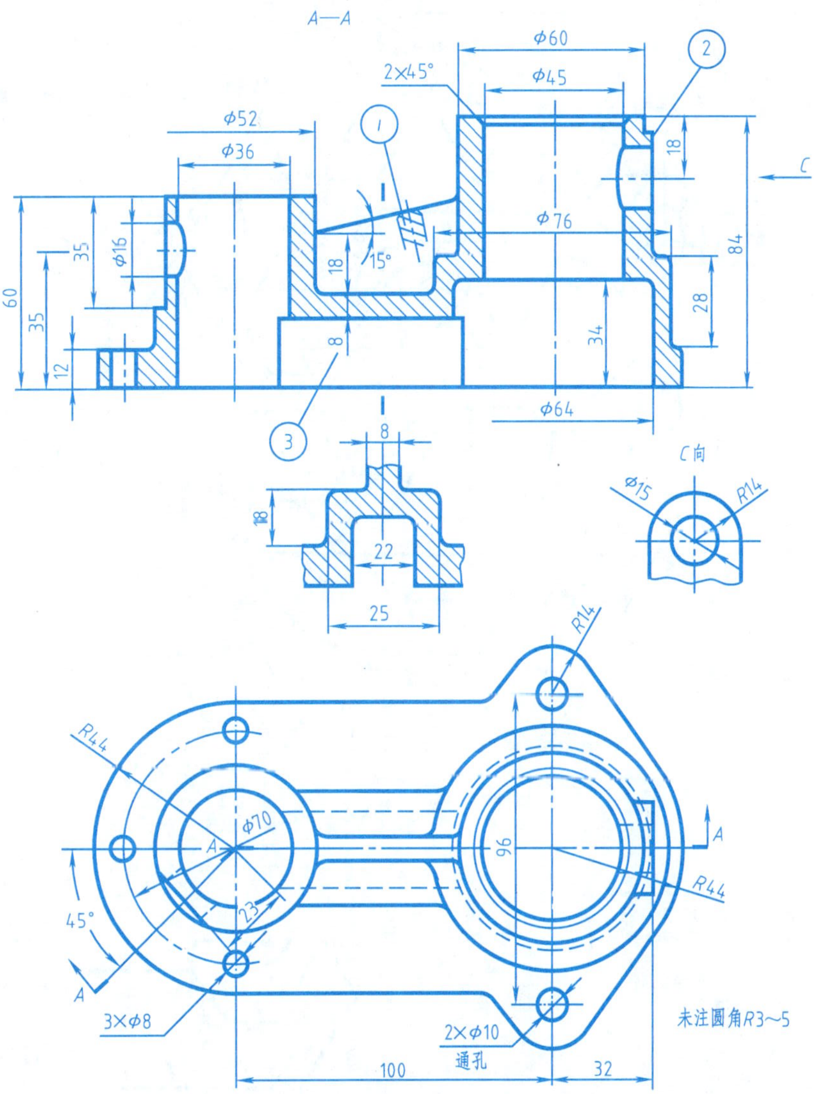

1. 该机件用______个图形表达，其中有______个是基本视图，还有______视图和______图。主视图采用了______剖的______剖视图，表达机件的内部结构，该图中标有①的部分为______图，用来表达______的截面形状；标有②的部分其形状和定形尺寸是通过______视图表达的；标有③的部分，其结构形状是通过______图表达的。

2. 用形体分析法想出机件组成部分的形状和相互位置。

班级　　　　姓名

7-24 根据立体图，用 1∶1 的比例，用 AUTOCAD 绘出组合体的三个视图，并作剖视图

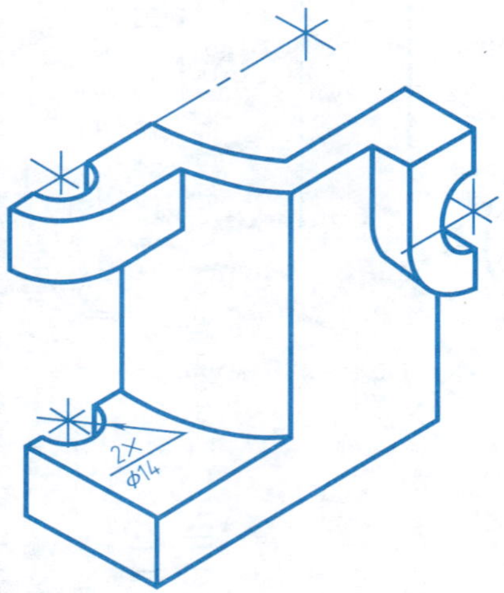

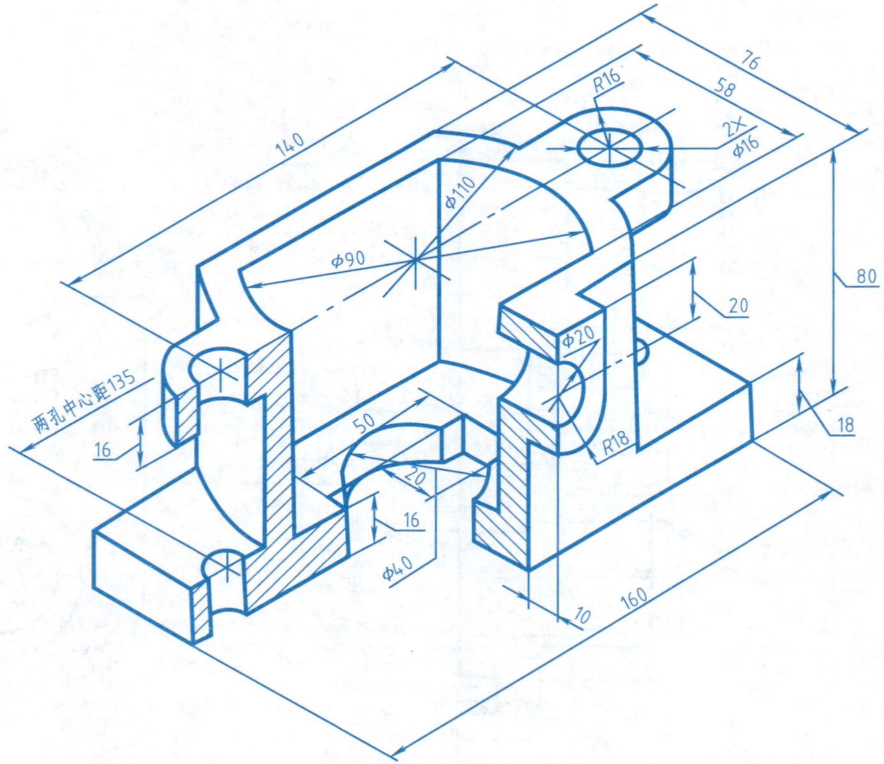

班级　　　　　　姓名

项目八　标准件及常用件

8-1　根据螺纹及螺纹连接的规定画法，分析图中的错误，并在指定位置画出正确图形

1.

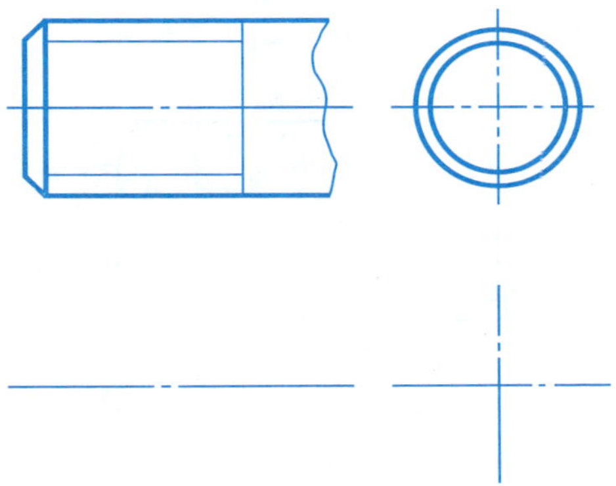

2.

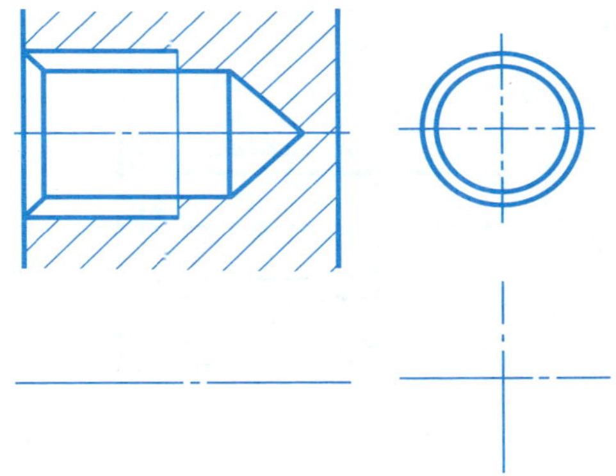

3.

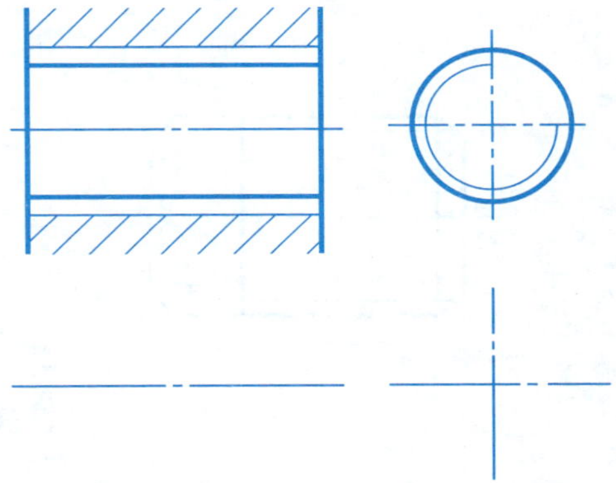

4.

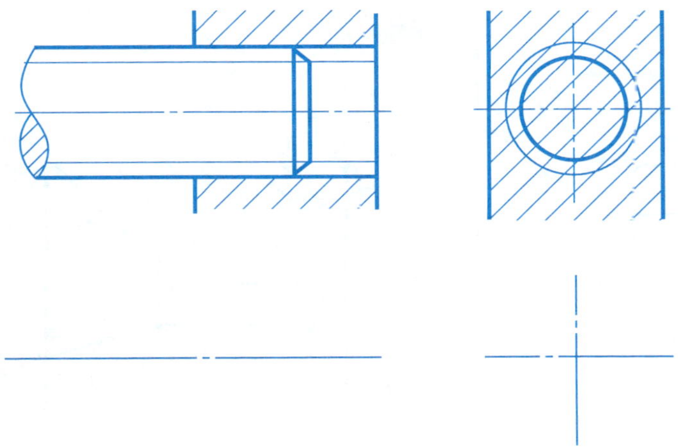

5.

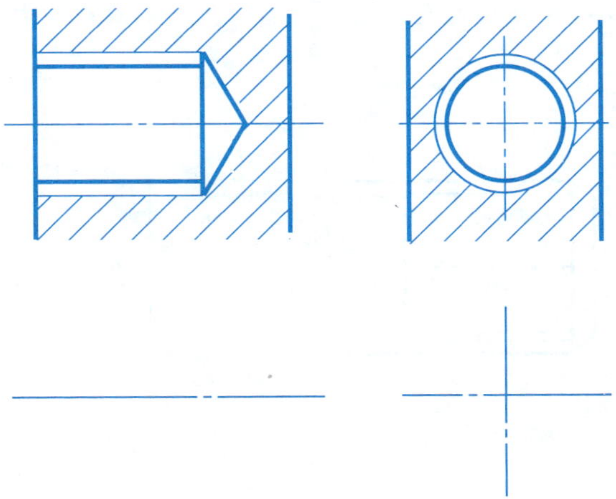

班级　　　　姓名

8-2 根据给定的螺纹要素，标注螺纹的规定标记

1. 粗牙普通螺纹，公称直径 24mm，螺距 3mm，单线，左旋，公差带代号 7h6h。

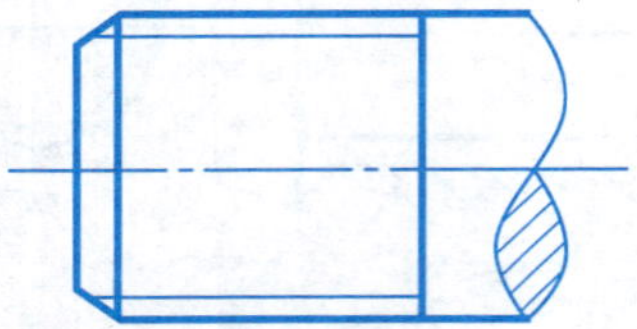

2. 细牙普通螺纹，公称直径 20mm，螺距 1.5mm 左旋，公差带代号 7H。

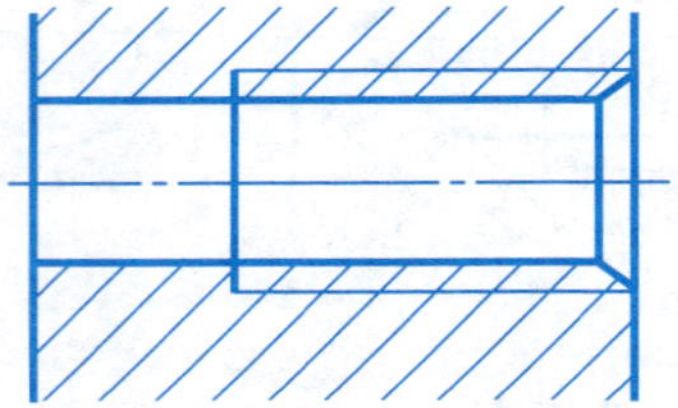

3. 细牙普通螺纹，公称直径 30mm，螺距 1.5mm，右旋，公差带代号 5g6g，短旋合长度。

4. 梯形螺纹，公称直径 32mm，螺距 6mm，双线，左旋，公差带代号 7e。

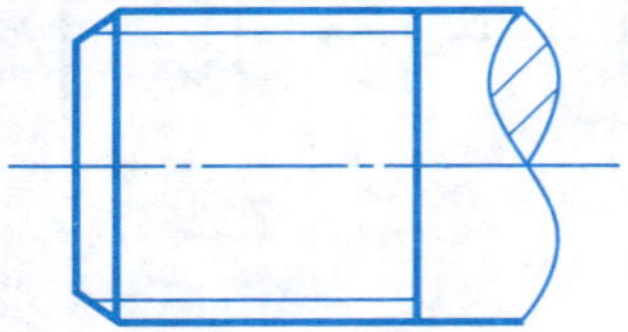

5. 非螺纹密封的管螺纹，尺寸代号 7/8，公差等级为 A 级，右旋。

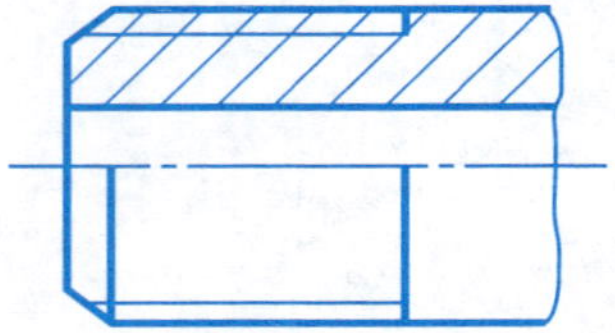

6. 螺纹密封的锥管螺纹，尺寸代号 1/2，右旋。

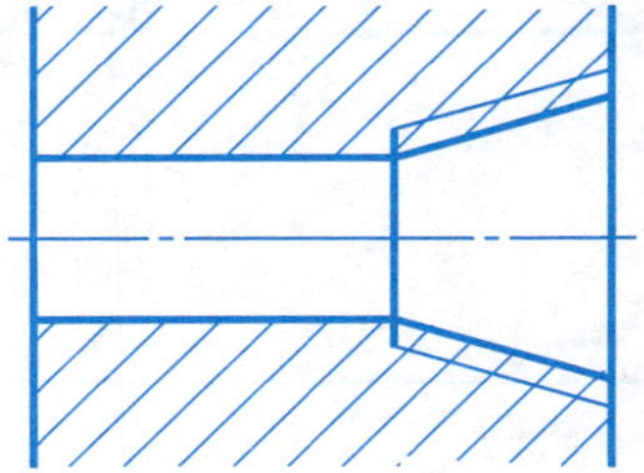

班级　　　　姓名

8-3 螺栓连接

已知两块钢板厚度 $\delta_1=12$，$\delta_2=20$，孔径为 14，选用合适的螺栓、螺母、垫圈，用简化画法完成螺栓连接主、俯、左视图（1∶1）。

规定标记：螺栓______螺母______垫圈______。

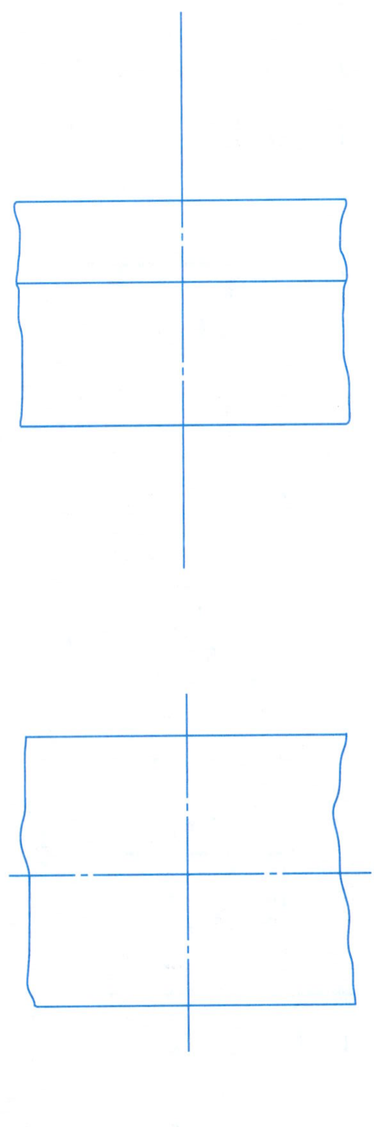

班级　　　　姓名

8-4 螺柱连接

已知螺柱 GB/T 898　M16×40，螺母 GB/T 6170　M16，垫圈 GB/T 97.1　16，用简化画法完成螺柱连接主、俯视图（1∶1）。

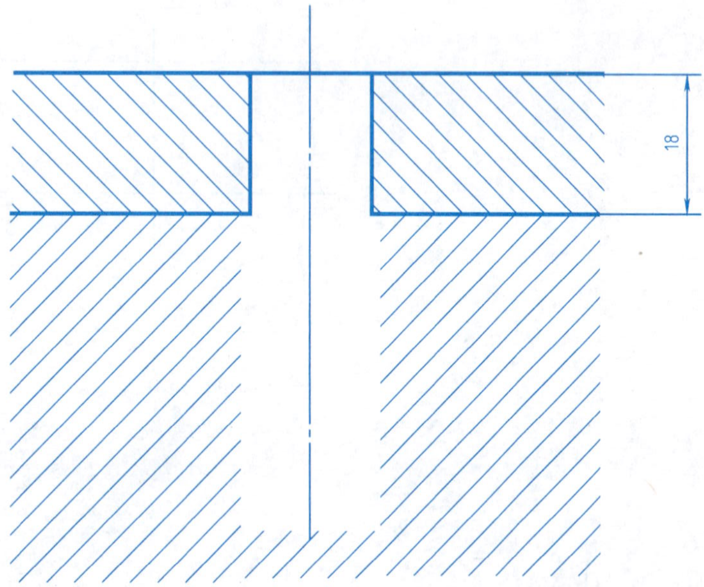

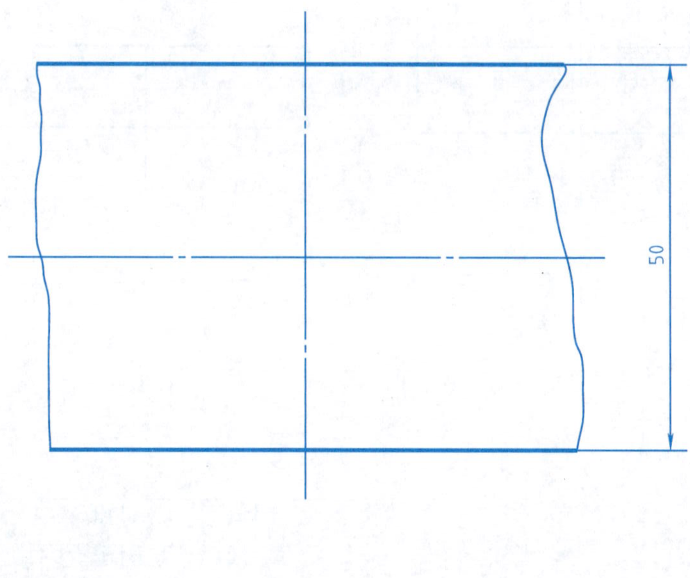

8-5 分析管螺纹及螺钉连接图中的错误，在指定位置画出正确图形

1.

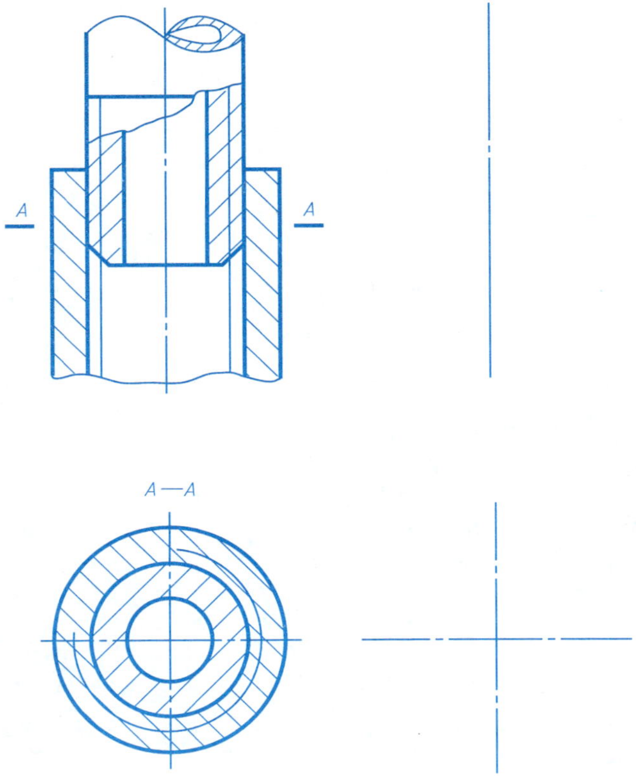

2.

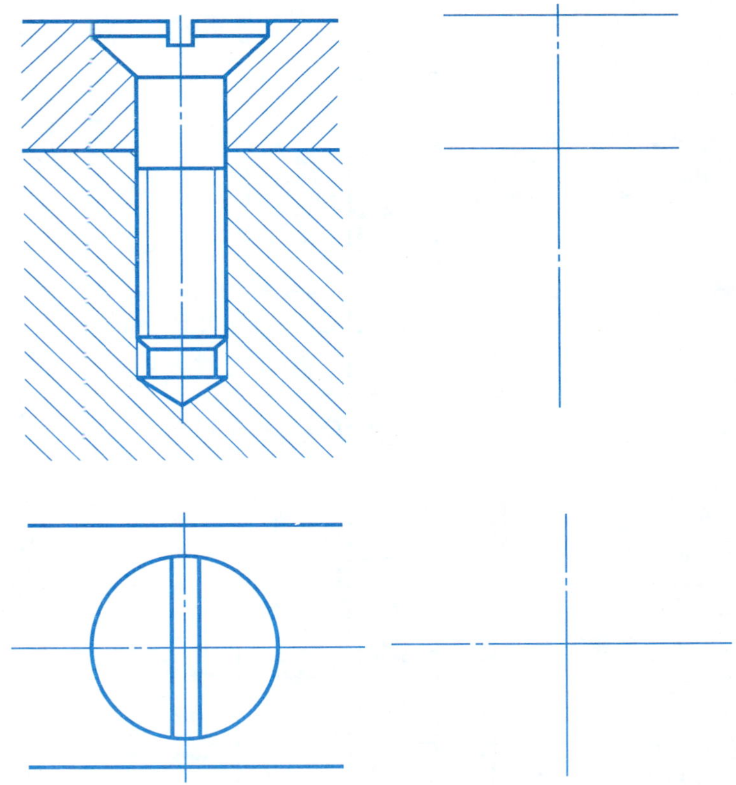

班级　　　　　　姓名

8-6 齿轮

已知直齿圆柱齿轮 $m=5$、$z=40$，计算该齿轮的分度圆，齿顶圆和齿根圆的直径。用 1∶2 完成下列两视图，并注尺寸（倒角 $C2$）。

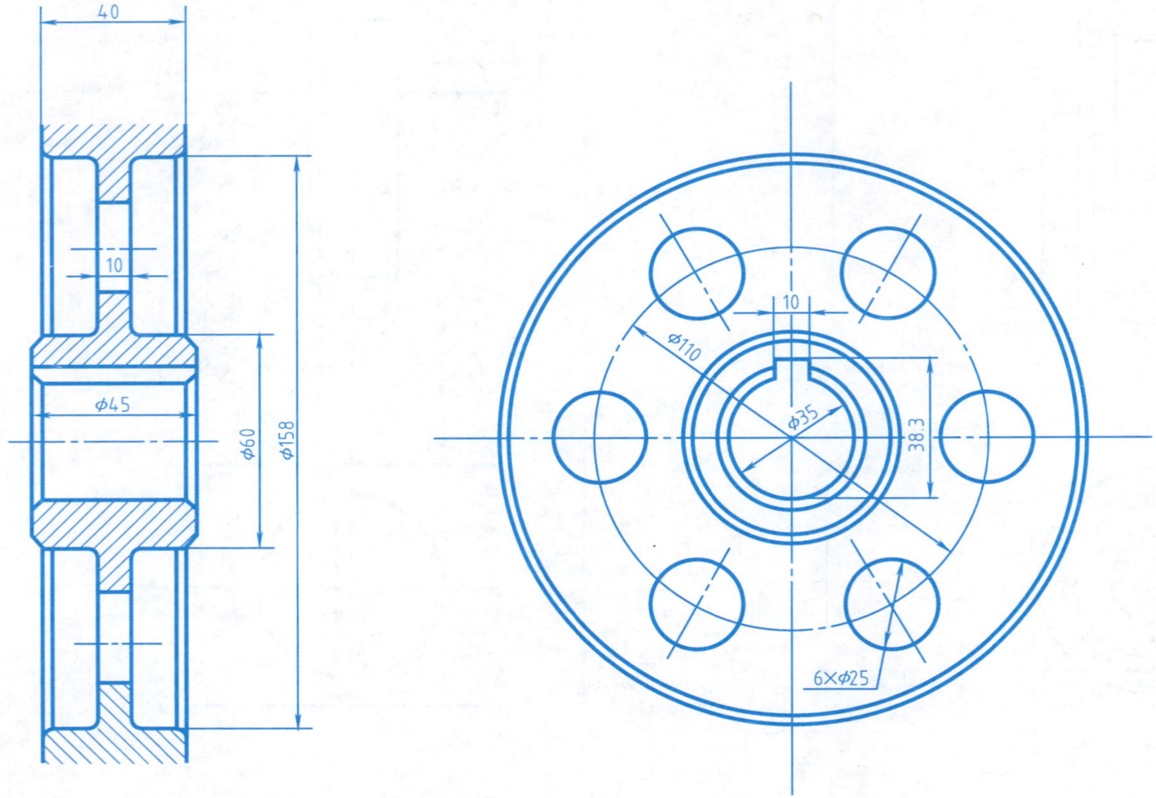

班级　　　　　姓名

8-7 画齿轮啮合图

已知大齿轮的模数 $m=4$，齿数 $z_2=38$，两齿轮的中心距 $a=110\text{mm}$，试计算大小两齿轮分度圆、齿顶圆及齿根圆的直径，用 1∶2 比例完成直齿圆柱齿轮的啮合图。

计算

1. 大齿轮

分度圆 $d_1=$

齿顶圆 $d_{a1}=$

齿根圆 $d_{f1}=$

2. 小齿轮

分度圆 $d_2=$

齿顶圆 $d_{a2}=$

齿根圆 $d_{f2}=$

3. 传动比

$i=$

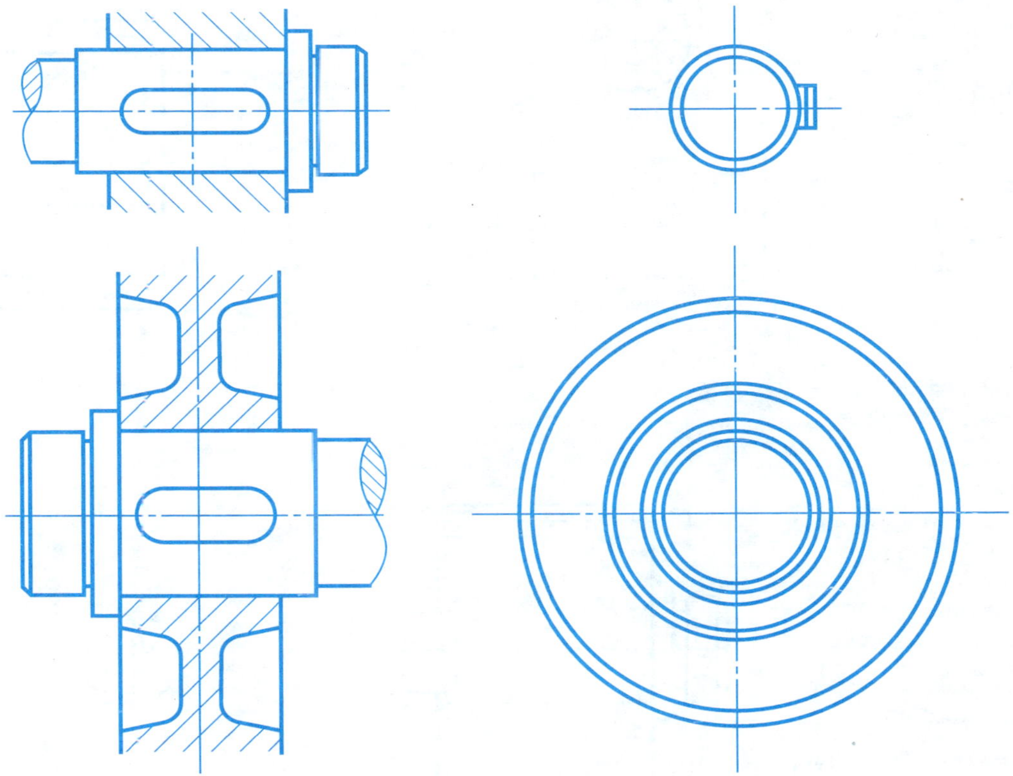

班级　　　　姓名

8-8　键连接的画法

已知齿轮和轴之间采用 A 型普通平键连接，轴的直径为 28mm，键的长度为 40mm。写出键的规定标记。查表确定键和键槽的尺寸，画全下列各图，并注出轴径和键槽的尺寸（比例 1∶2）。

1. 轴

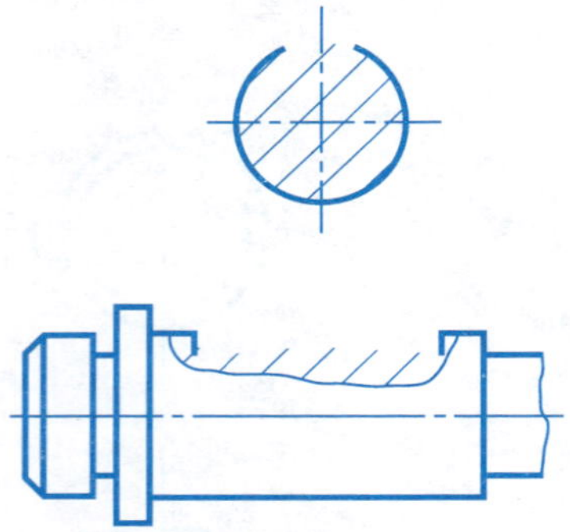

2. 齿轮

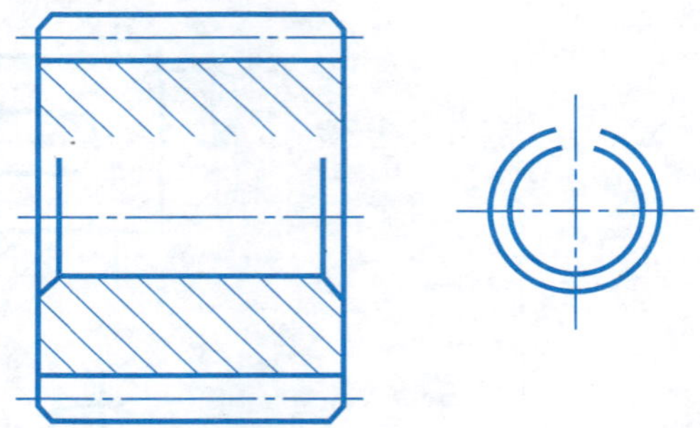

3. 齿轮和轴的键连接

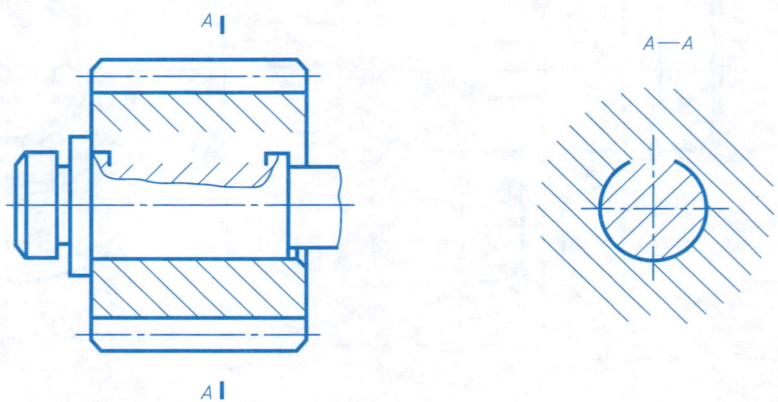

键的规定标记：

班级　　　　　姓名

8-9 滚动轴承及弹簧的画法

1. 用简化画法画出 6206 轴承（右端面紧靠轴肩）。

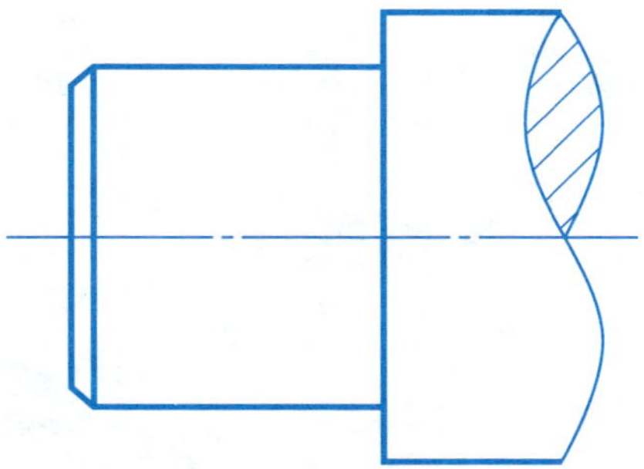

2. 已知螺旋压缩弹簧的簧丝直径 $d=4\text{mm}$，弹簧中径 $D_2=25\text{mm}$，节距 $t=11.1\text{mm}$，有效圈数 $n=5$，支承圈 $n_0=2.5$，右旋，画出弹簧的剖视图。

班级　　　　　　姓名

项目九　零　件　图

9-1　根据轴套类零件的视图选择原则，将下图的轴选择合理的视图表达出来，并标注出正确、完整、清晰、合理的尺寸

表面	测量尺寸	R_a/mm	配合代号
A	2×45°		
B	ϕ28.5×34		
C	ϕ35.1×25	1.6	k6
D	ϕ44.3×48	3.2	r7
E	ϕ34.8×25	1.6	k6
F	ϕ28×120		
G	M16.3 长 35		
其余		12.5	

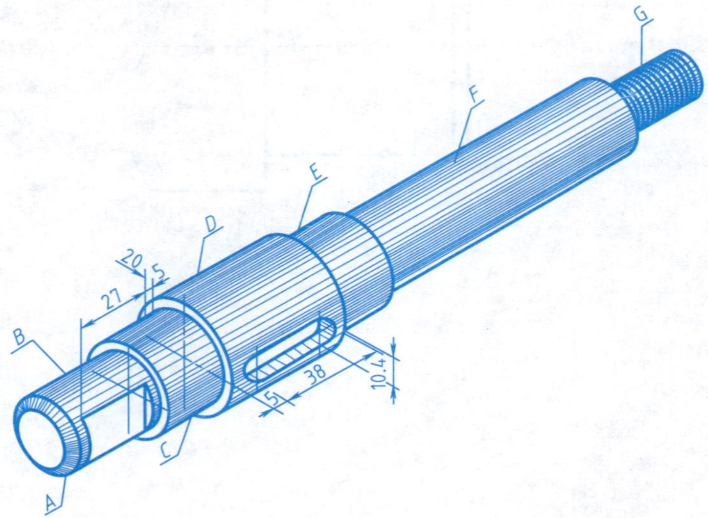

班级　　　　姓名

9-2 圈出错误的标注，并在下图进行正确标注

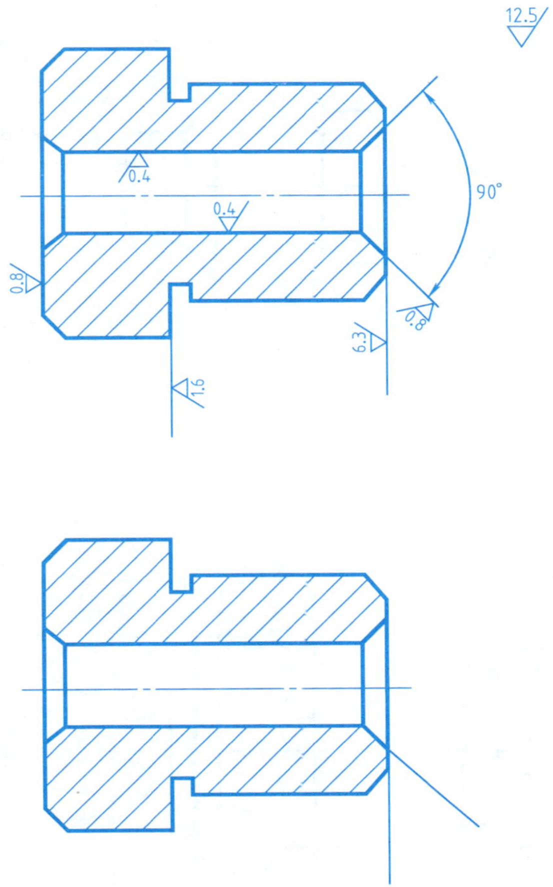

9-3 将给出的各表面粗糙度要求标注在图中

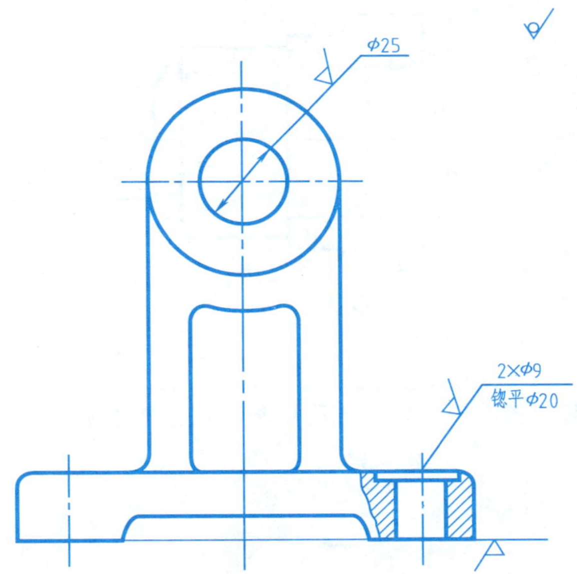

(1) φ25 圆柱面为 3.2

(2) 底平面为 12.5

(3) $\frac{2\times\phi 9}{锪平\phi 20}$ 为 25

(4) 其余表面全为非加工面

班级　　　　　　姓名

9-4　标注尺寸公差与配合

1. 根据零件图上公差要求，在装配图中标出其相应的尺寸及配合代号。

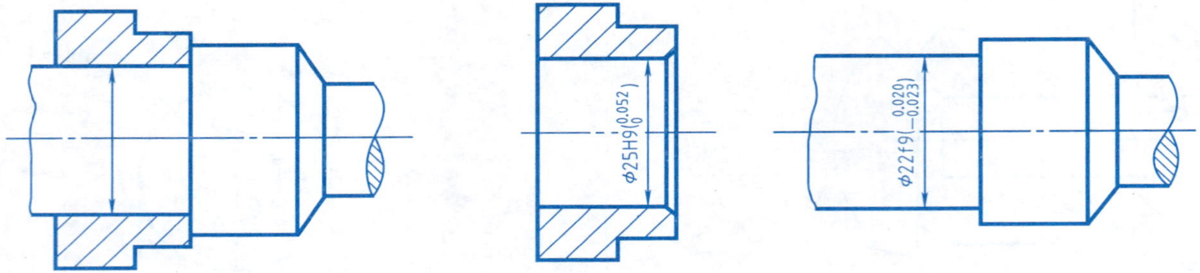

2. 根据装配图上的公差配合及要求，分别在对应零件上标注出尺寸公差。

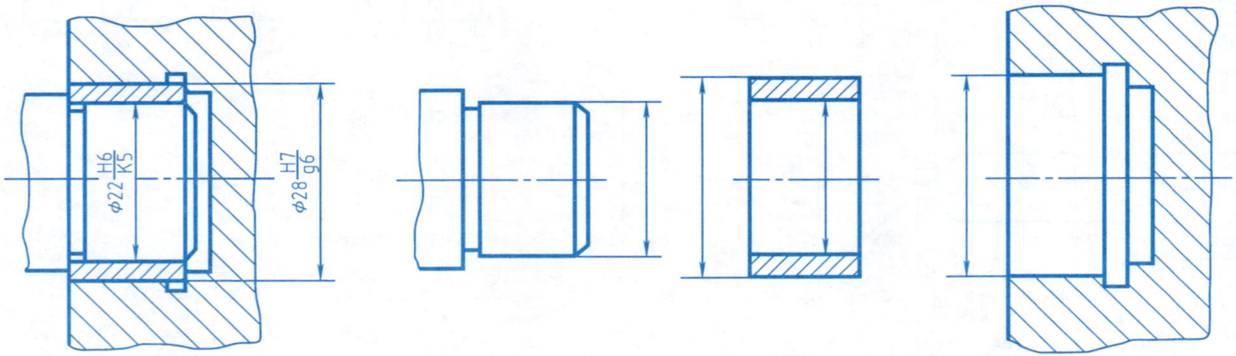

班级　　　　　姓名

9-5　查附表填空

	基孔制						基轴制					
	$\phi 50\frac{H7}{s6}$		$\phi 50\frac{H7}{js6}$		$\phi 50\frac{H7}{f6}$		$\phi 50\frac{S7}{h6}$		$\phi 50\frac{JS7}{h6}$		$\phi 50\frac{F7}{h6}$	
	孔	轴	孔	轴	孔	轴	轴	孔	轴	孔	轴	孔
基本尺寸												
最大极限尺寸												
最小极限尺寸												
上偏差												
下偏差												
公差												
公差带图	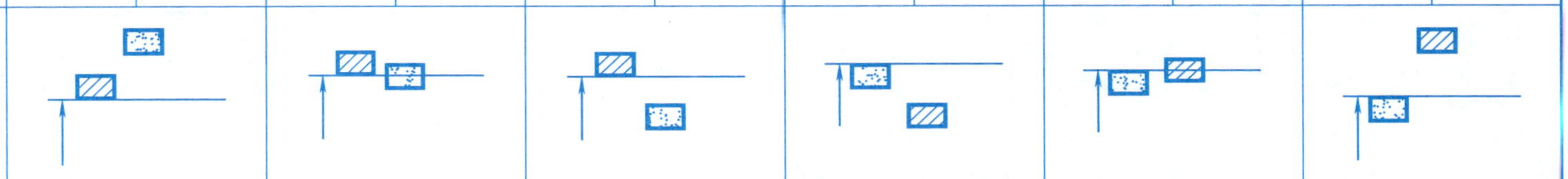											
	过盈		过盈	间隙	间隙		过盈		过盈	间隙	间隙	
最大												
最小												
配合公差												
配合公差带图												

班级　　　　　姓名

9-6 解释配合代号的含义，并查出偏差值标注在零件图上

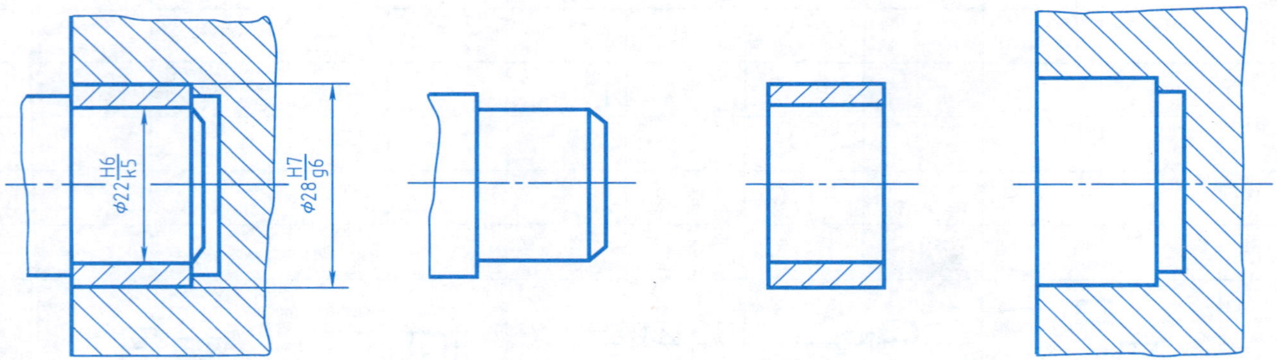

$\phi22\ \frac{H6}{k5}$组成的配合属于__________制__________配合。

$\phi28\ \frac{H7}{g6}$组成的配合属于__________制__________配合。

班级　　　　　姓名

9-7 识读图中的形位公差代号，并解释其含义

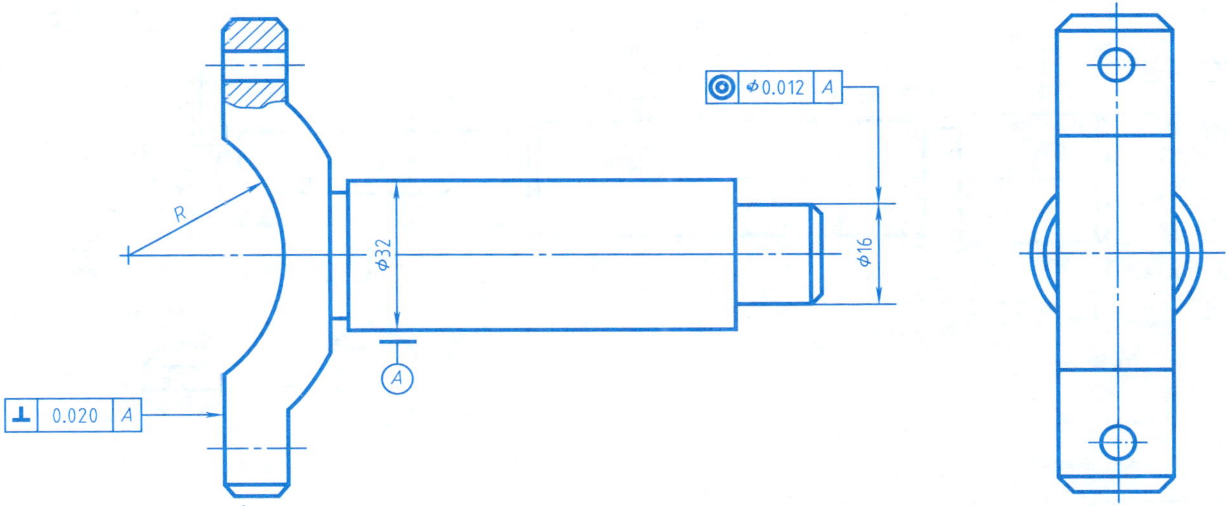

（1） | ⊥ | 0.020 | A | 的含义；

（2） | ◎ | φ0.012 | A | 的含义；

班级　　　　姓名

9-8 识读图中的形位公差代号，并解释其含义

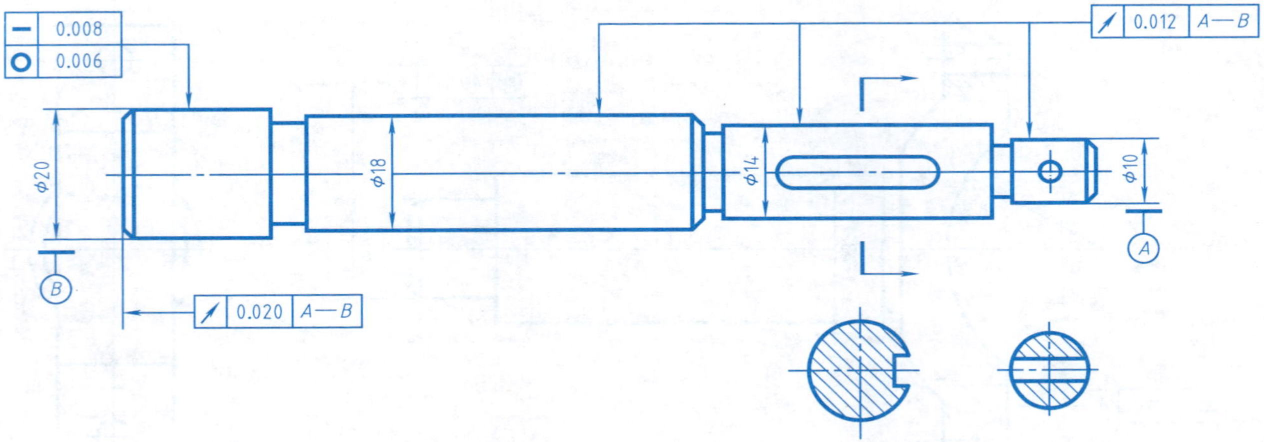

(1) | — | 0.008 | 的含义；

(2) | ○ | 0.006 | 的含义；

(3) | ↗ | 0.020 | A—B | 的含义；

(4) | ↗ | 0.012 | A—B | 的含义；

班级　　　　姓名

9-9（a） 读排气阀零件图，做练习

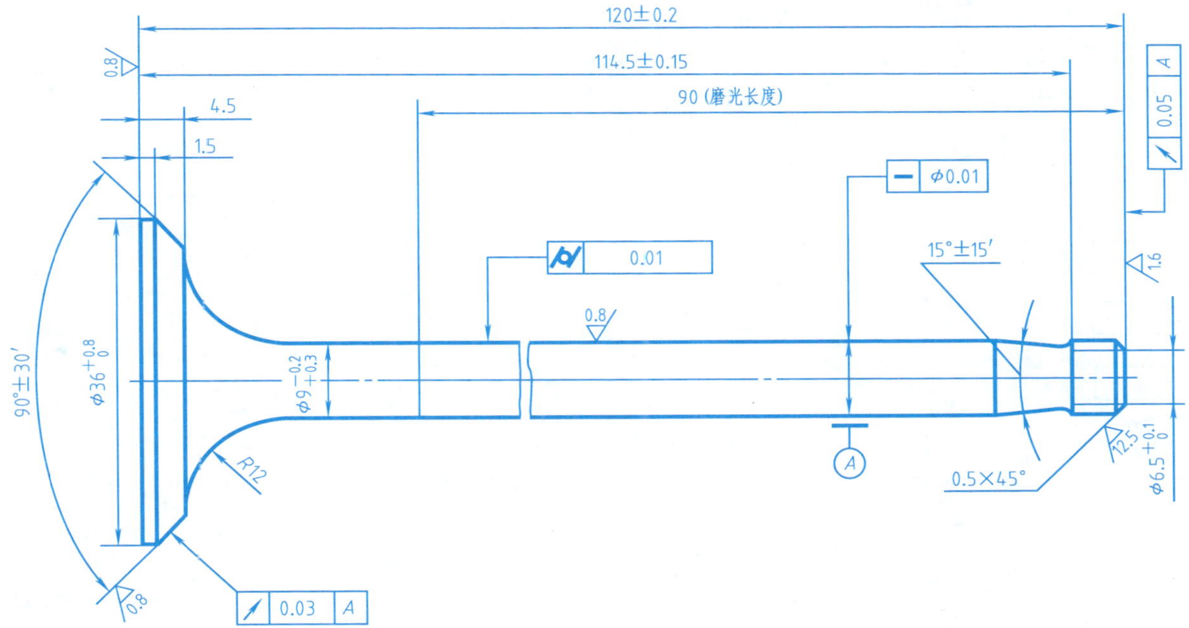

技 术 要 求

1. 气门上不经机械加工的表面须清洁无氧化皮、痕皮、飞翅、碰痕、裂缝及其他缺陷；
2. 加工表面不得有刻痕、黑点、碰痕等缺陷，也不得有毛刺。

排气阀			比例	数量	材料	图号
			1∶1	1	45Cr	
制图	(姓名)	(日期)	(单位)			
审核						

班级 姓名

9-9（b） 读排气阀零件图，做练习

（1）零件采用了______个视图表达，视图的名称是______。

（2）图中为什么采用断裂表示法？

（3）长度方向的尺寸基准是什么？是根据什么决定的？

（4）解释尺寸 $\phi9^{-0.2}_{-0.3}$ 的含义。

（5）解释图中形位公差代号的含义：

↗	0.03	A	的含义;
—	φ0.01		的含义;
↗	0.05	A	的含义;
⌭	0.01		的含义;

班级　　　　　姓名

9-10（a） 读主轴零件图，做练习

其余 12.5

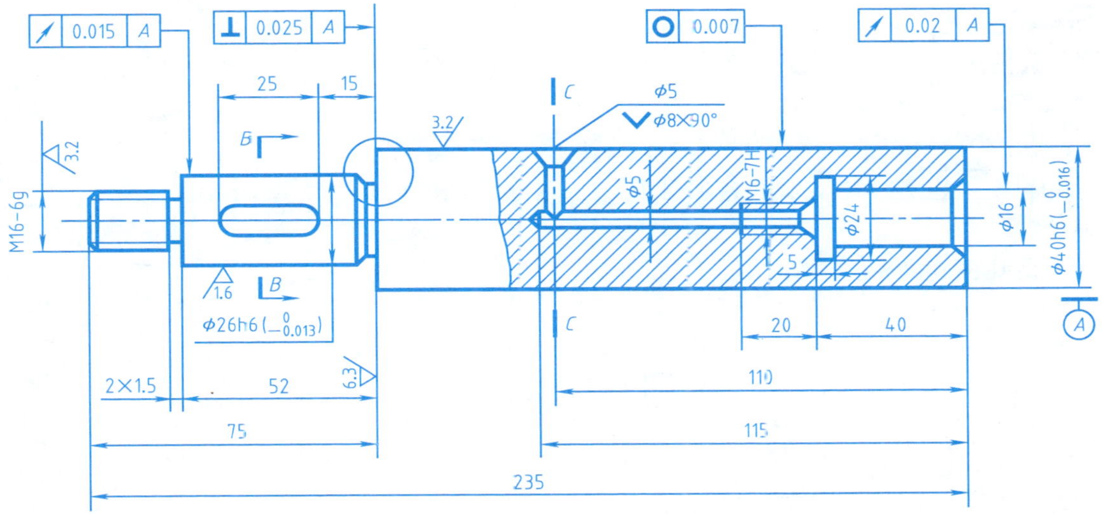

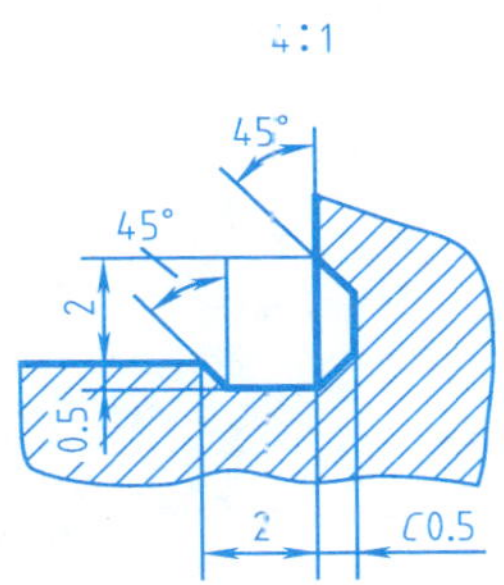

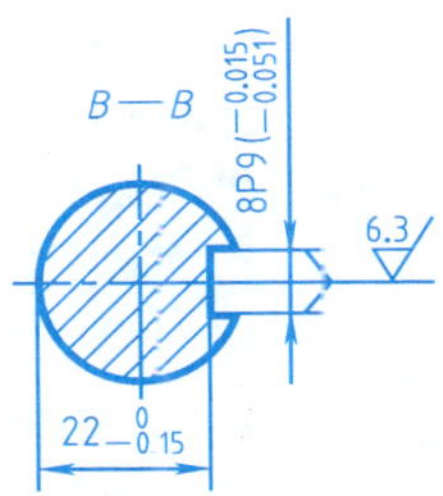

技术要求

全部倒角 C1。

主　　轴			比例	数量	材料	图号
			1∶2	1	45	
制图	（姓名）	（日期）	（单位）			
审核						

班级　　　　姓名

9-10（b） 读主轴零件图，做练习

（1）该零件图主视图采用了______剖视，B—B 为______图，另外一个图形为______图。

（2）主轴上键槽的长度是______，宽度是______，深度是______，其定位尺寸是______。

（3）轴上 $\phi 40h6\,\left(_{-0.016}^{\ \ 0}\right)$ 的基本尺寸是______，最大极限尺寸是______，最小极限尺寸是______，尺寸公差是______。

（4）图中尺寸 2×1.5 表示的结构是______，其宽度为______，深度为______。

（5）解释 M16—6g 的含义：其中 M 表示______，16 表示______，6g 表示______。

（6）根据图上的表注，解释框格 [↗ | 0.015 | A] 的含义：公差项目为______，公差值为______，被测要素为____________________，基准要素为____________________。

（7）在下面的指定位置按 1∶1 的比例画出 C—C 断面图。

C—C

班级　　　　姓名

9-11 根据轮盘类零件的视图选择方法，将下图的泵盖选择合理的视图表达出来，并标注出正确、完整、清晰、合理的尺寸

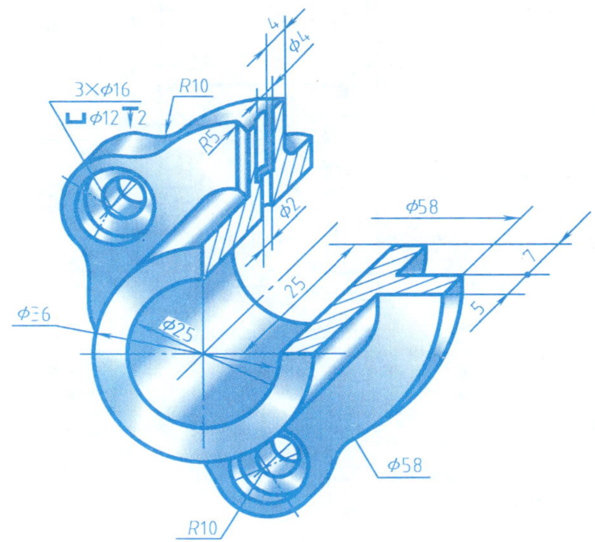

班级　　　　　　　姓名

9-12（a） 读突缘零件图，做练习

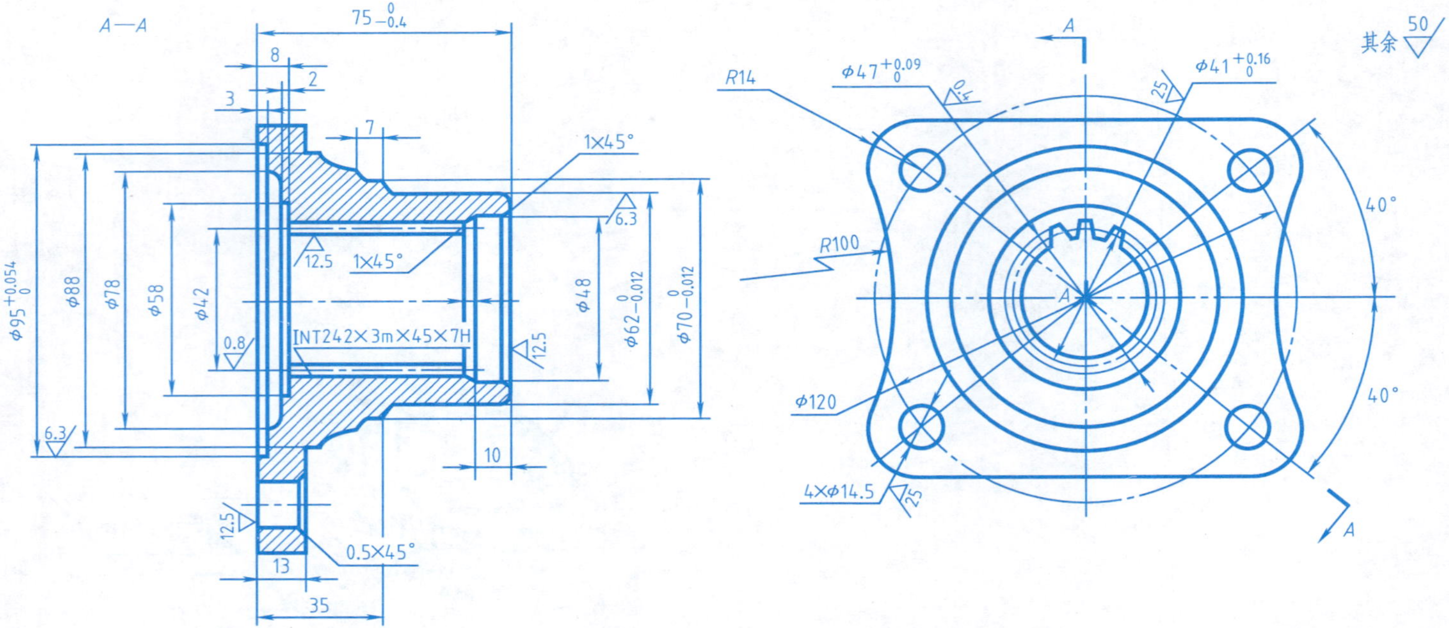

技 术 要 求

1. 淬火硬度 55～63HRC；
2. 左端面对轴线的圆跳动公差 0.05；
3. 未注圆角 $R2$。

名称	材料	比例
突缘	45	1∶2

班级　　　　姓名

9-12（b） 读突缘零件图，做练习

（1）零件采用了______个基本视图表达。其中一个是______视图，另一个是______视图。由______视图中的______符号可知，*A*—*A* 剖视图是______剖视图。采用这种剖切方法其目的是清楚地表达______和______。

（2）零件长度方向的尺寸基准是______，高度和宽度方向的尺寸基准是______。

（3）从______视图上可以看出，该零件共有______个安装孔，孔的直径为 ϕ______，定位圆直径是 ϕ______。

（4）左端面有一孔，孔径 $\phi 95^{+0.054}_{0}$，它的最大极限尺寸是______，最小极限尺寸是______。

（5）工作部分的结构是______，共有______个齿，模数______，齿长______。

（6）解释技术要求 2。

班级　　　　姓名

9-13（a） 读端盖的零件图，做练习

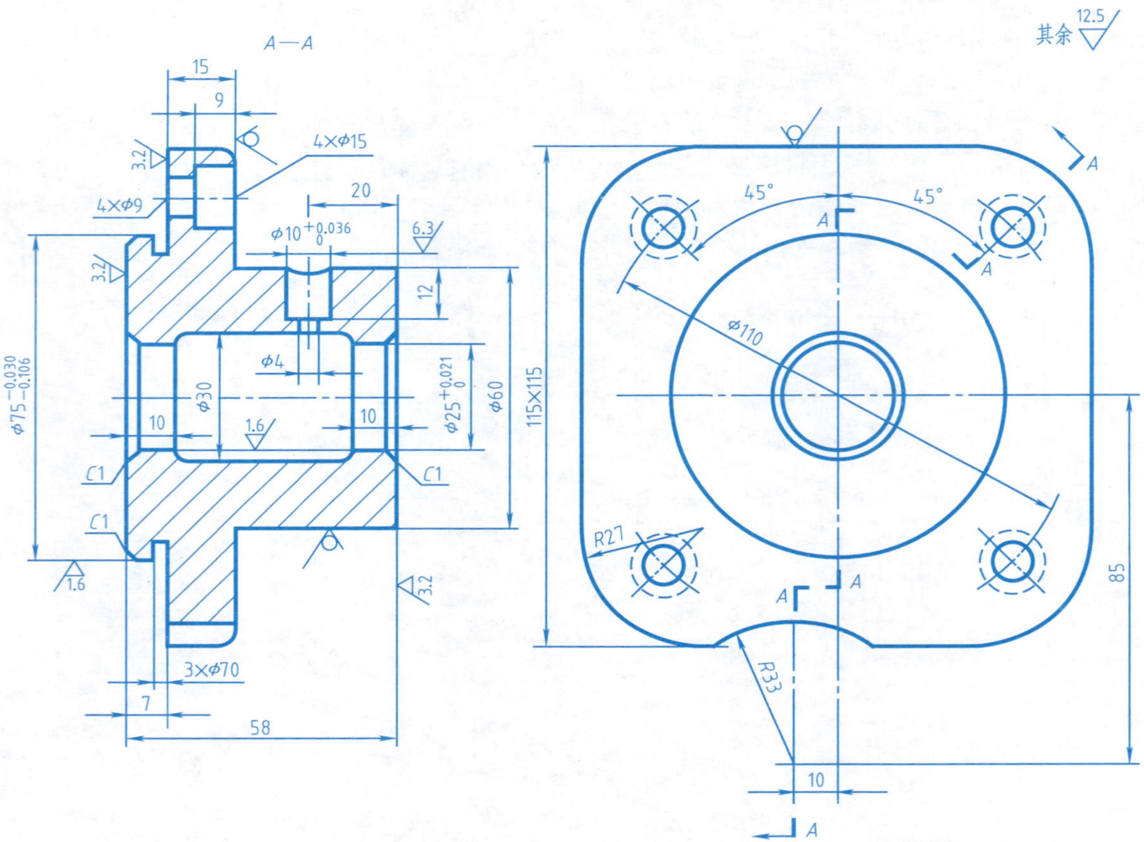

端　盖		材料	HT150	比例	
		数量		图号	
制图					
审核					

班级　　　　　姓名

9-13（b） 读端盖的零件图，做练习

（1）该零件的名称为______，材料为______。

（2）主视图主要表达零件的______形，采用了______剖视；左视图主要表达零件的______形，采用了______图。

（3）零件加工表面要求最高的表面粗糙度代号为______，最低的表面粗糙度代号为______。

（4）$\phi75^{-0.030}_{-0.106}$的基本尺寸是______，最大极限尺寸是______，最小极限尺寸是______，尺寸公差是______。

（5）该零件的总长尺寸为______，总宽尺寸为______，总高尺寸为______。45°为______尺寸。

（6）$\phi30$ 内孔的长度为______。

（7）在下面按 1∶2 画出该零件的俯视图。

班级　　　　姓名

9-14（a） 根据叉架类零件的视图选择方法，将下图的支架选择合理的视图表达出来，并标注出正确、完整、清晰、合理的尺寸

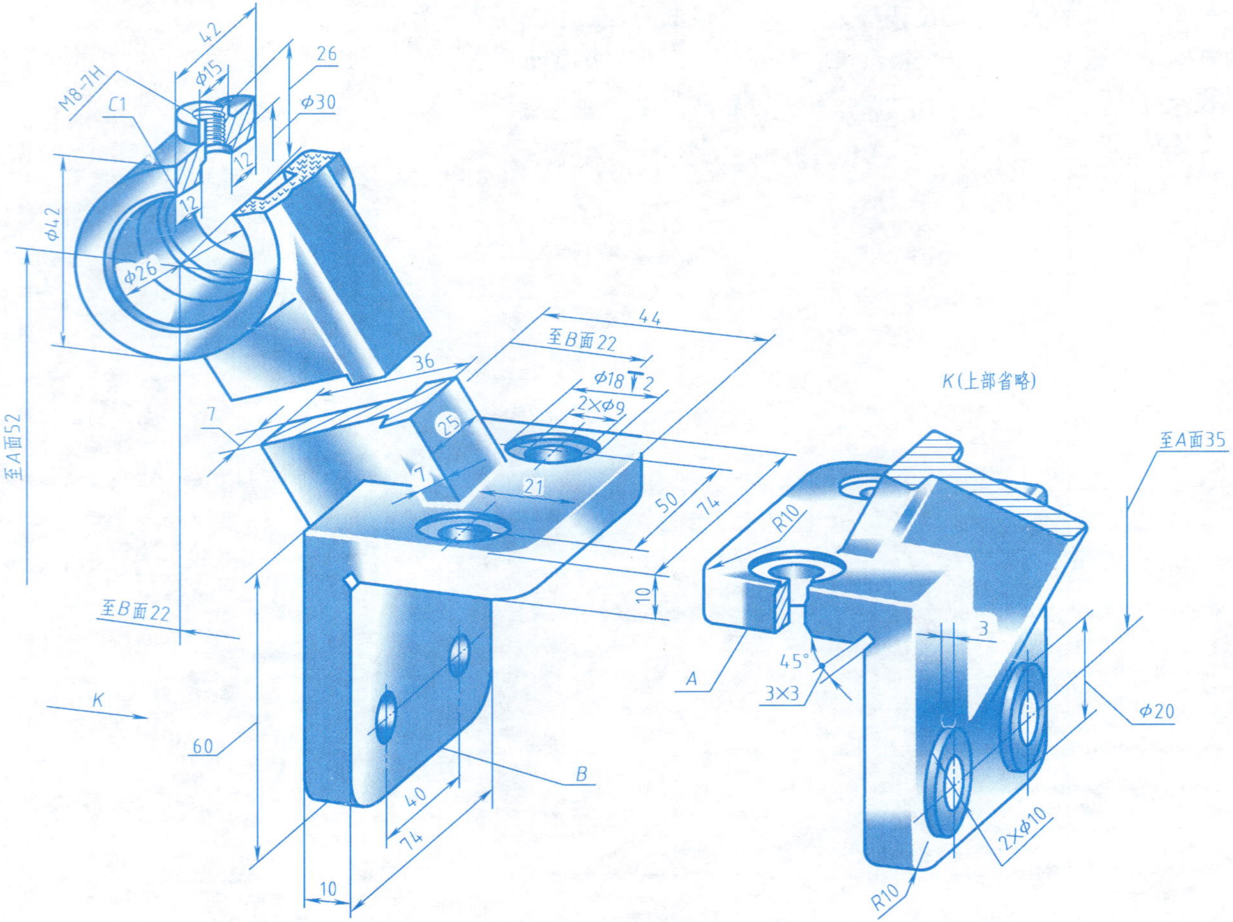

班级　　　　　姓名

9-14（b） 附页

班级　　　　　姓名

9-15（a） 看懂轴承座的零件图，并回答下页的问题

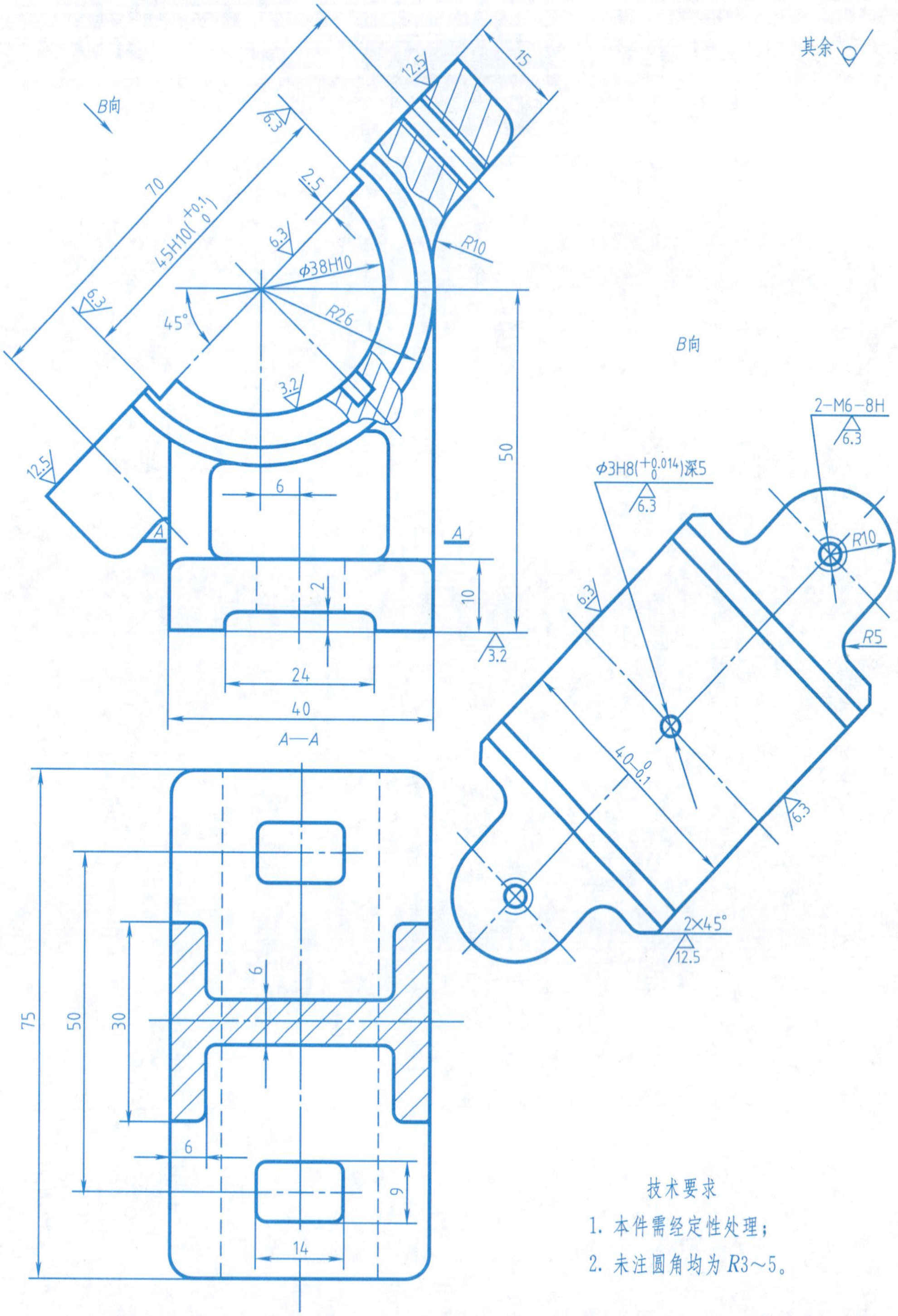

技术要求

1. 本件需经定性处理；
2. 未注圆角均为 $R3\sim5$。

轴承座		材料	HT200	比例
		数量	2	1∶1
制图		（厂名）		
审核				

班级　　姓名

9-15（b） 看懂轴承座的零件图，并回答下列问题

（1）该零件采用了______基本视图，______视图主要表达轴承座的特征形状，______视图采用______剖，主要为了表达__________________，*B* 向视图是______________视图。

（2）底板上两个方孔的定形尺寸长为______，宽为______，它们的定位尺寸是______。

（3）ϕ38H10 表示____。

（4）ϕ38H10 $\left(^{+0.1}_{0}\right)$ 的最大极限尺寸为______，最小极限尺寸为______，公差为______。

（5）ϕ38H10 表面粗糙度为$\overset{3.2}{\checkmark}$，45H10 两表面粗糙度为$\overset{6.3}{\checkmark}$，说明__________________表面要求更光滑。

（6）“其余$\checkmark$”表示____。

班级　　　　姓名

9-16（a） 根据已给出的三视图，想象出形体结构并在下页泵体的各种表达方法中选出一组最佳表达方案，剪贴在右边空白处

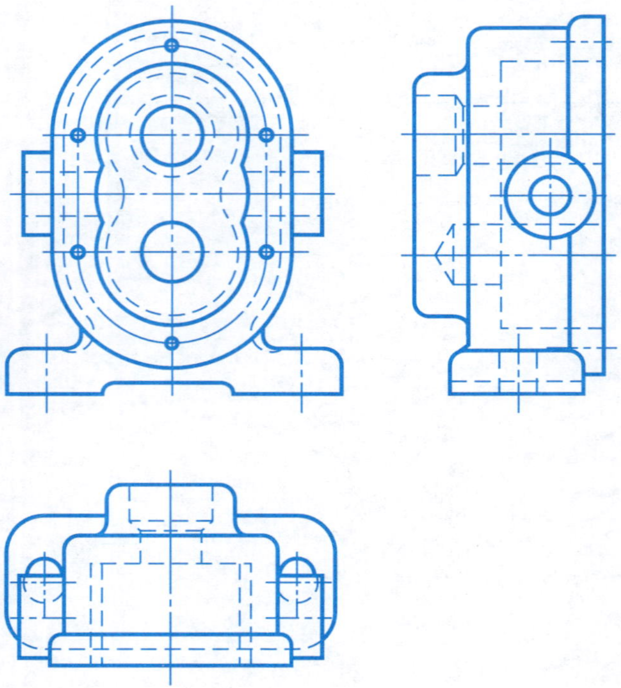

班级　　　　　姓名

9-16（b） 泵体的各种表达方法

(1) 主视图半剖

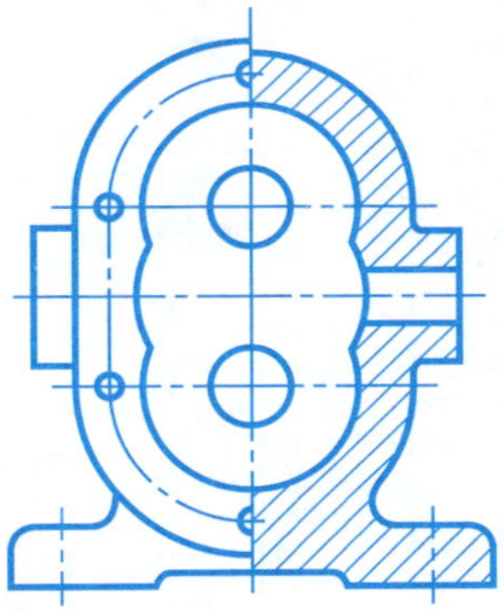

(2) 主视图局部剖

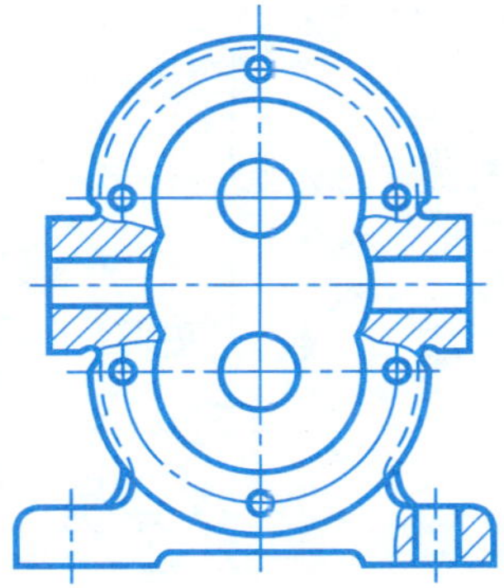

(3) 左视图全剖

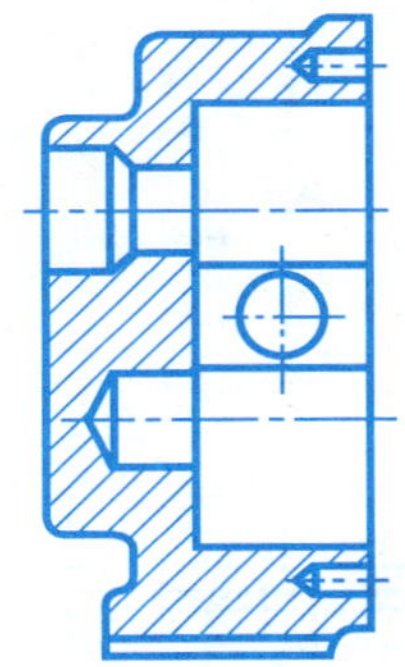

(4) 左视图局部剖

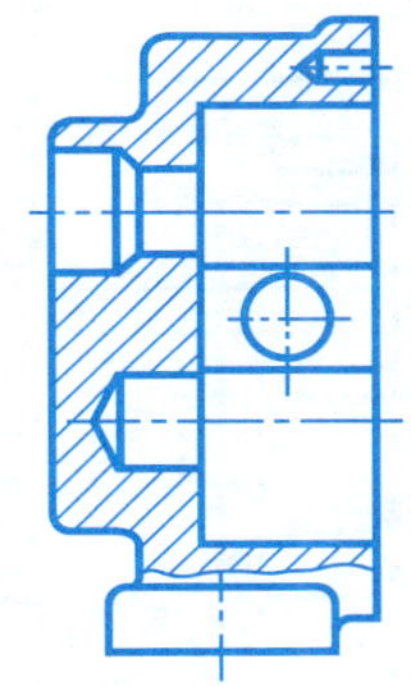

(5) 后视图外形

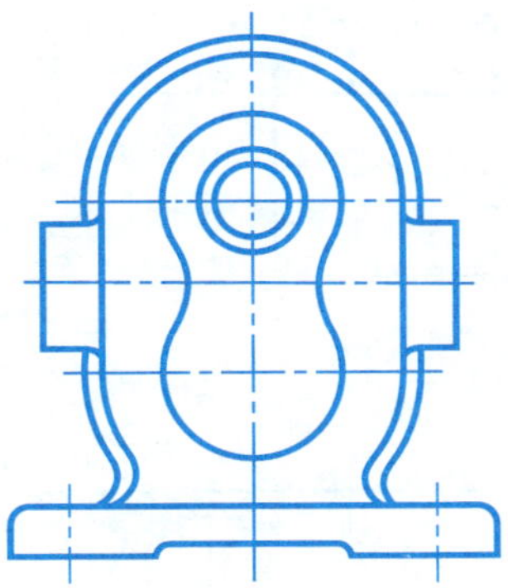

(6) 局部后视图

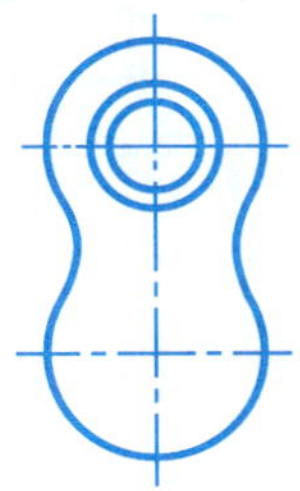

(7) 俯视图外形

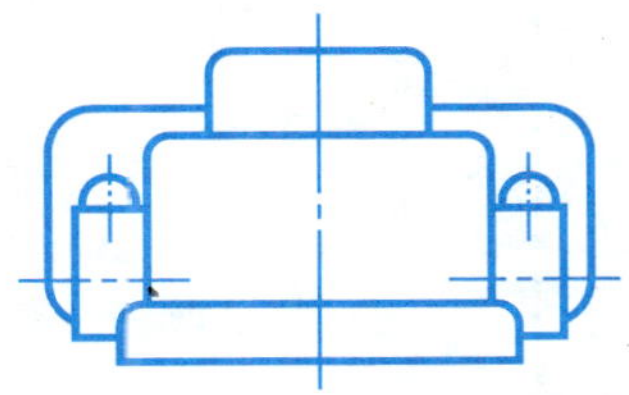

(8) 俯视图半剖

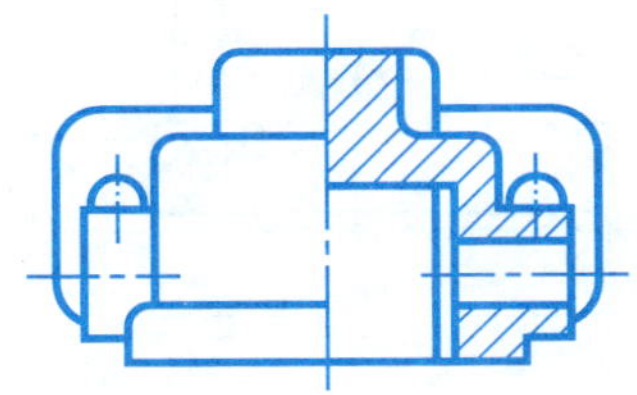

(9) 仰视图

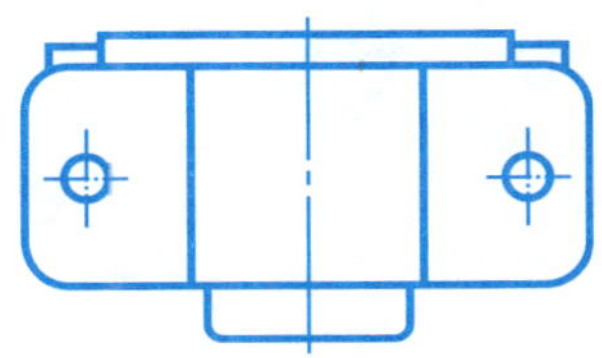

(10) 局部仰视图

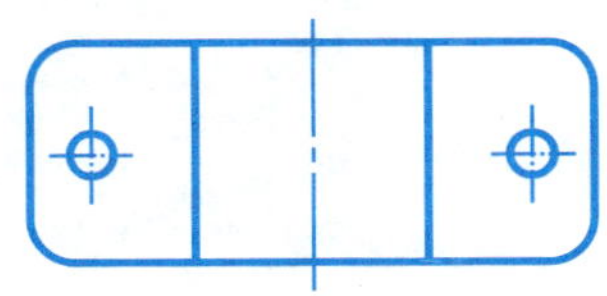

班级　　　　　　姓名

9-17（a） 读泵体零件图，做练习，并用 AutoCAD 绘制泵体零件图

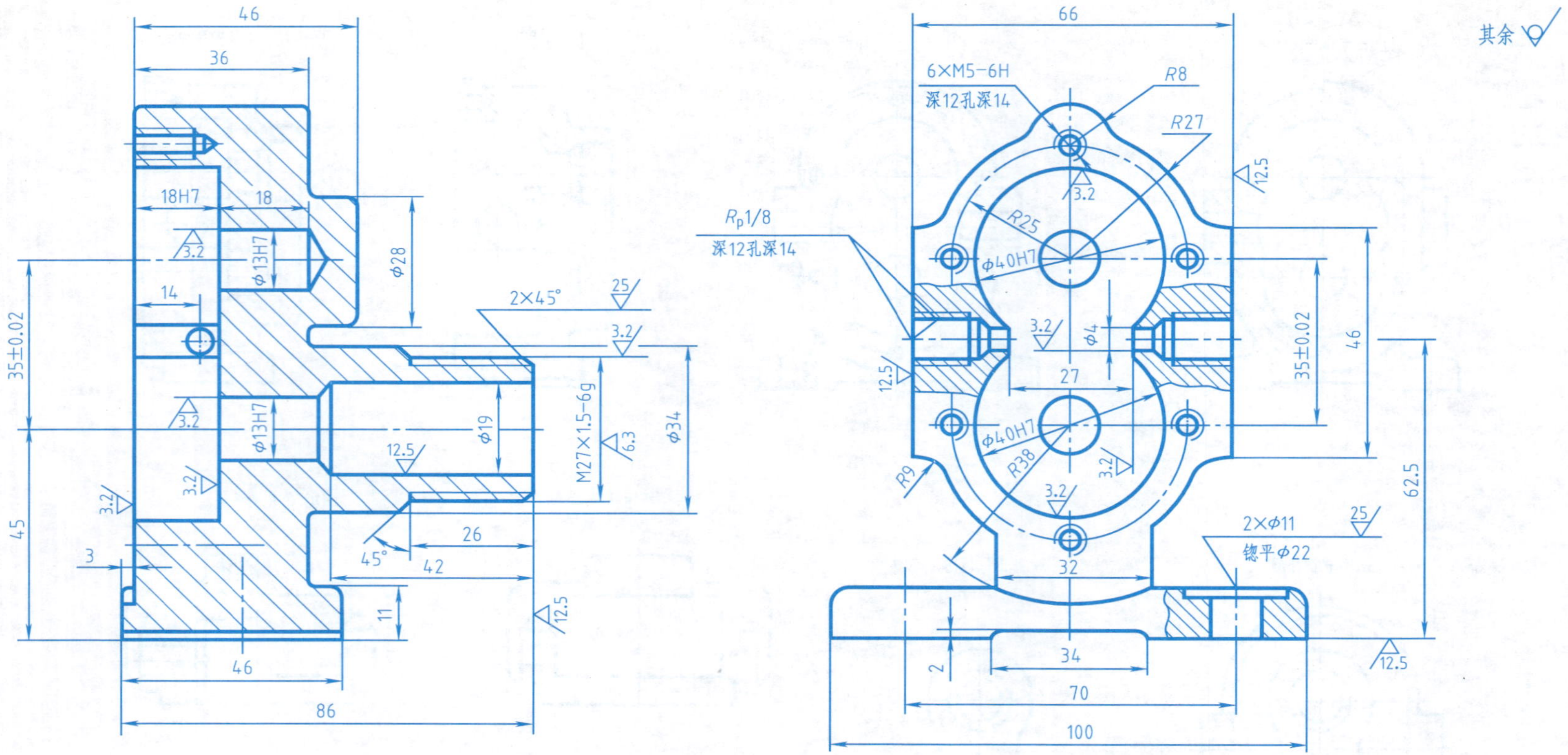

技术要求

未注铸造圆角 R2～3。

泵　体			比例	数量	材料	图号
			2∶1	1	HT150	
制图	（姓名）	（日期）	（单位）			
审核						

班级　　　　　　姓名

9-17（b） 读泵体零件图做练习

（1）该零件采用了______视图和______视图表达，其中______视图采用______剖，______视图有______处采用______剖。

（2）进出口螺纹种类是______，深度为______，孔深______。

（3）该零件长度方向的尺寸基准是______，宽度方向的尺寸基准是______，高度方向的尺寸基准是____________________。

（4）6×M5－6H 的含义是：____________________。

（5）上 ϕ13H7 孔的定位尺寸是____________________。

（6）安装孔有______个，孔径为______。两孔宽度方向的尺寸基准是______，间距是______。

（7）零件的总体尺寸是：总长______、总宽______、总高______。

（8）解释尺寸 35±0.02 的含义：____。

班级　　　　　　姓名

9-18（a） 读空滤器底座零件图，做练习，并用 AutoCAD 绘制下列零件图

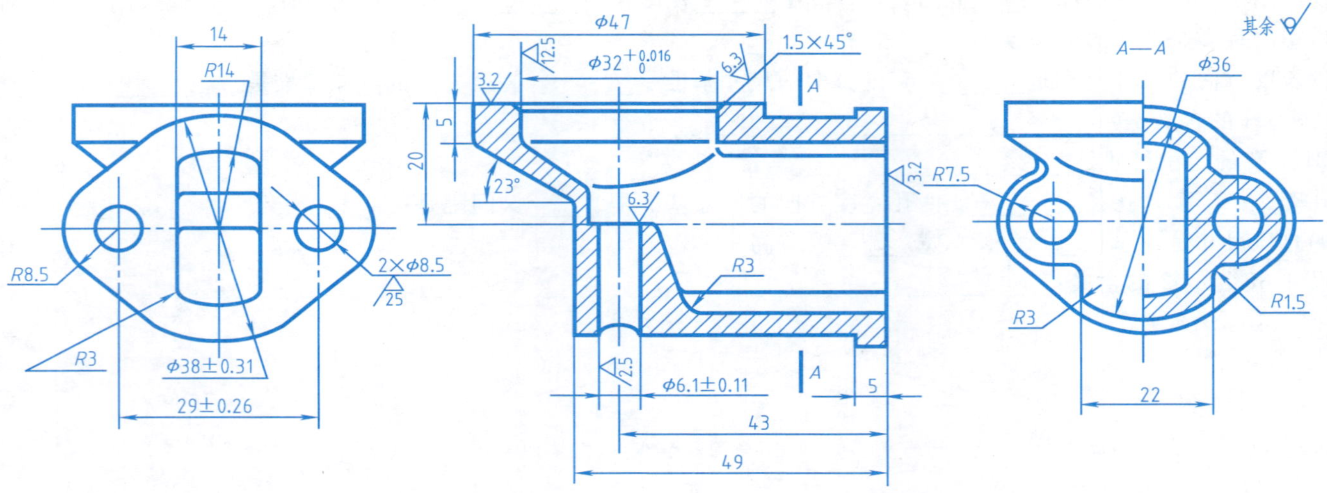

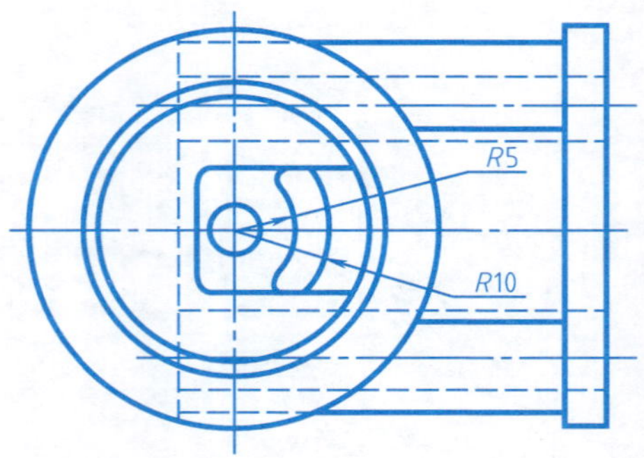

技 术 要 求

1. 未注壁厚为 3。

2. 未注铸造圆角为 R2～3。

空滤器底座	比例	数量	材料	图号
	1∶1	1	ZL104	
制图 （姓名） （日期）	（单位）			
审核				

班级　　　　　姓名

9-18（b） 读空滤器底座零件图做练习

（1）该零件用______个图形表达，它们是______视图、______视图、______视图和______视图。其中______视图采用了______剖，其目的是______；______视图采用了______剖，其目的是______。

（2）从______视图上可清楚地看出底座的右端面是______形，其定形尺寸为______、______、______。从______视图上可清楚地看出底座的上端面是______形，其定形尺寸为______、______、______。

（3）从______视图可看出水平方向的空腔断面形状为______形，其定形尺寸为______、______、______。从______视图和______视图上可以看出两个直径为 $\phi8.5$ 的孔为光通孔。

（4）底座总长为______、总宽为______、总高为______。

（5）底座长度方向的尺寸基准是______、高度方向的尺寸基准是______、宽度方向的尺寸基准是______。

（6）右端面是以 $\phi32$ 圆柱孔轴线来定位的，其定位尺寸是______。两个直径为 $\phi8.5$ 的光孔是以______和______定位的，其宽度方向的定位尺寸是__________________。

（7）解释孔 $\phi6.1\pm0.01$ 的含义：____________________________________。

班级　　　　　姓名

9-19 用 AutoCAD 绘制下列零件图

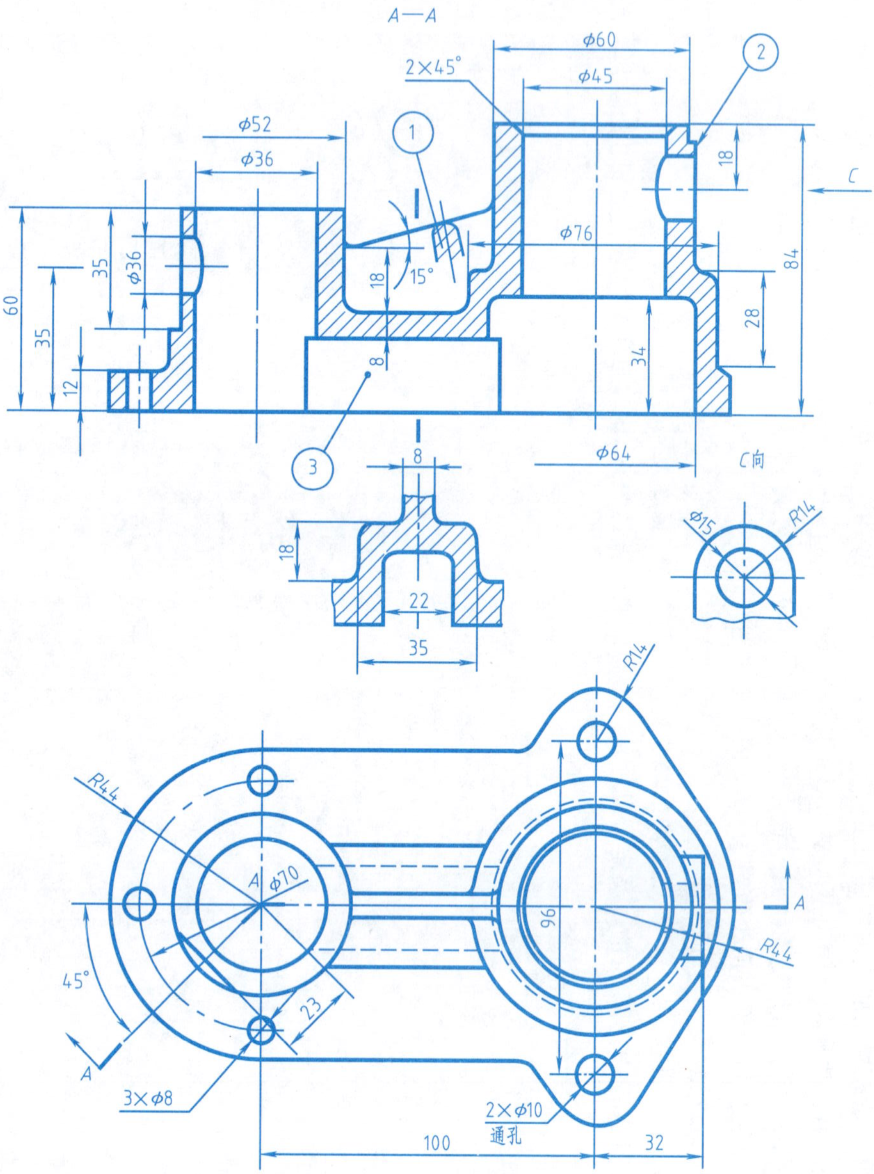

盖			比例	数量	材料	图号
			2∶1	1	HT150	
制图	（姓名）	（日期）	（单位）			
审核						

班级　　　　姓名

项目十　装　配　图

10-1　根据立体图和成套零件图绘制支顶装配工作图（一）

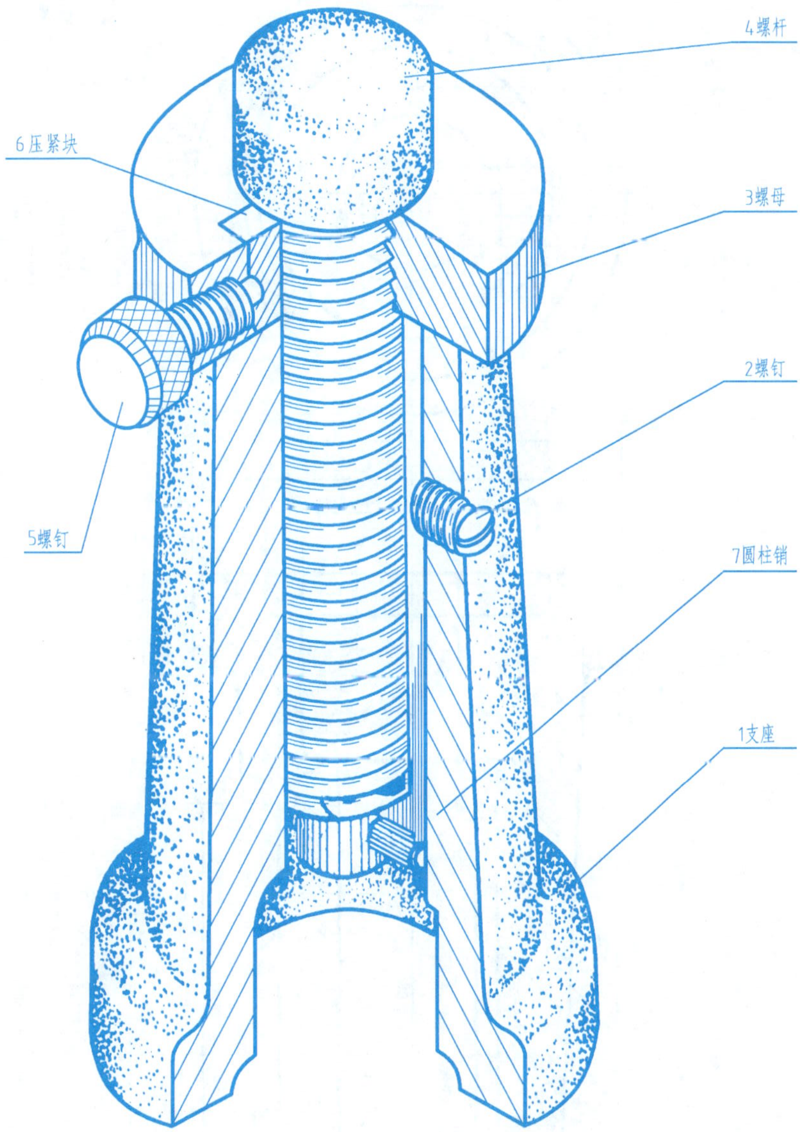

机构说明

支顶是调整被支持工件水平度的工具。它由七种零件组成。

螺杆 4 与螺母 3 相旋合，转动螺母 3 时，由于圆柱销 7 与支座 1 的导向槽的作用螺杆 4 只能做轴向移动，工件随之上下升降。当工件水平度调整好后，转动螺钉 5 通过压紧块 6 将螺杆 4 夹紧。螺钉 2 控制着螺杆 4 上升的极限位置。

班级　　　　姓名

10-2 根据立体图和成套零件图绘制支顶装配工作图（二）

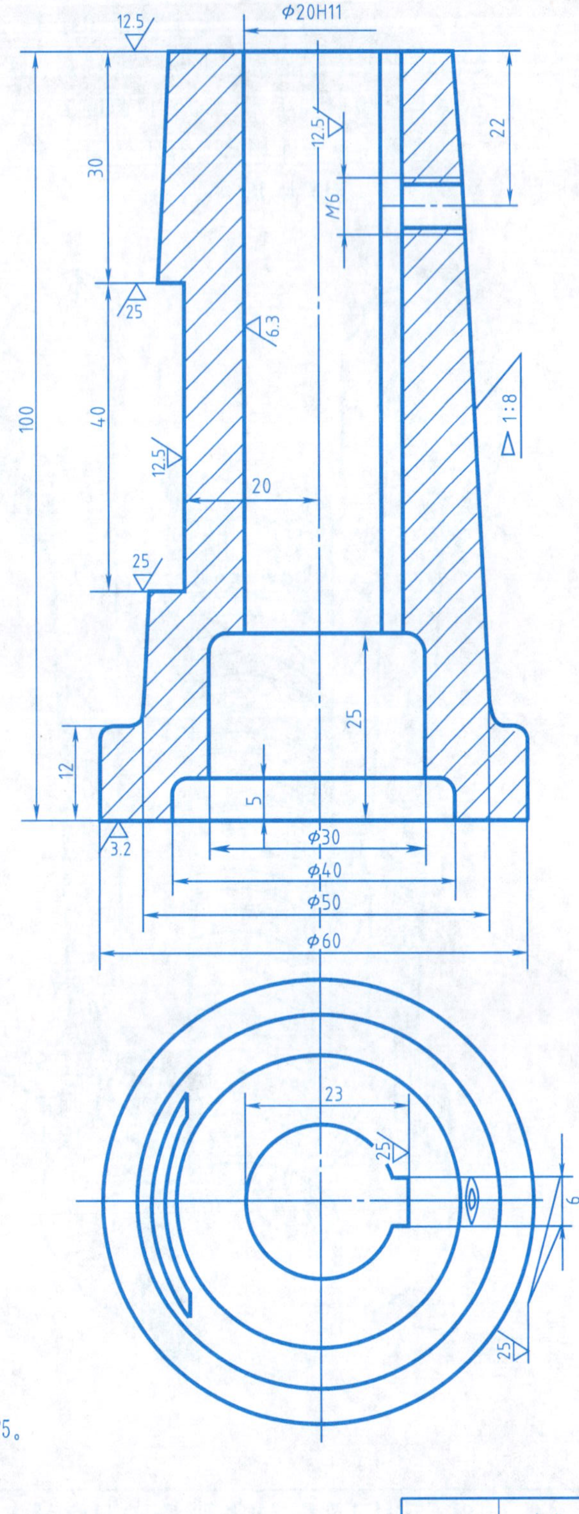

技术要求

铸造圆角半径 $R5$。

1	支座	1	HT15-33	1∶1
件号	名称	数量	材料	比例

班级　　　　姓名

10-3 根据立体图和成套零件图绘制支顶装配工作图（三）

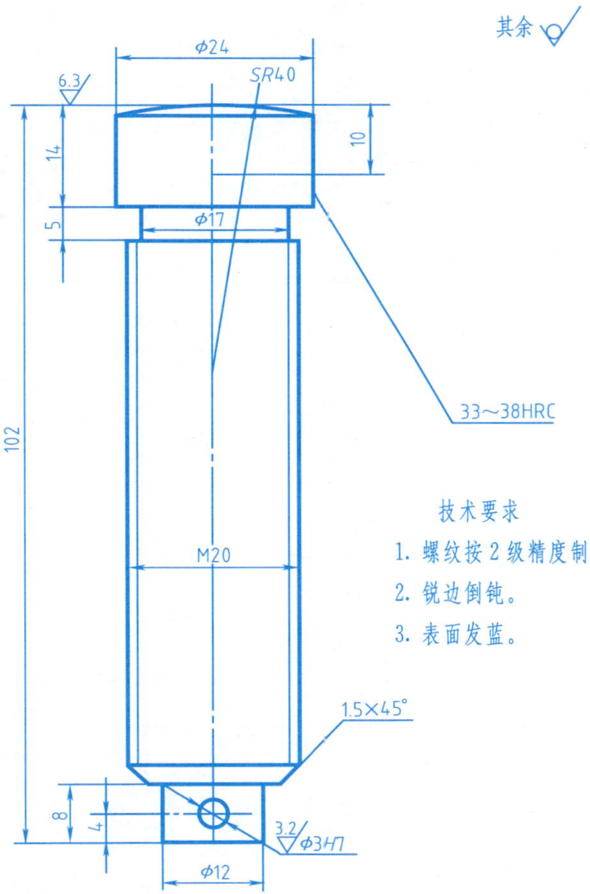

技术要求

1. 螺纹按2级精度制造。
2. 锐边倒钝。
3. 表面发蓝。

4	螺柱	1	35	1∶1
件号	名称	数量	材料	比例

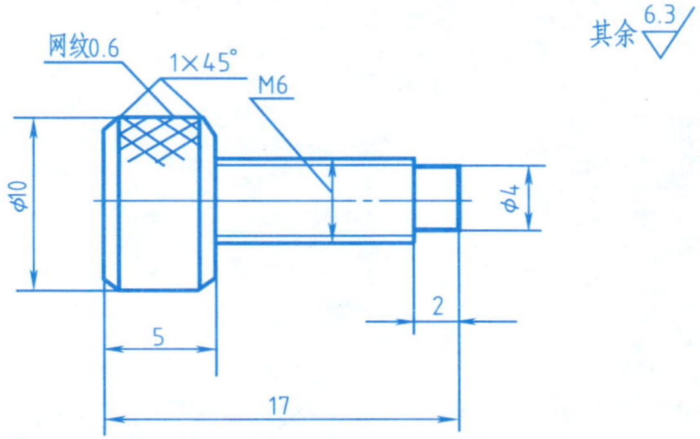

技术要求

1. 表面发兰。
2. 未注圆角R0.4。

5	锁紧螺钉	1	35	2∶1
件号	名称	数量	材料	比例

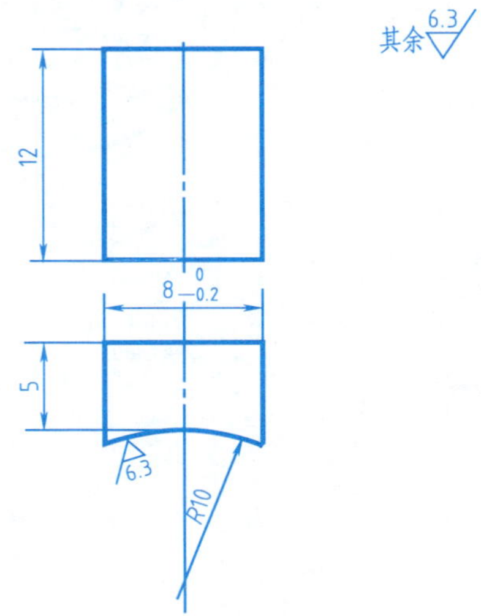

6	压紧块	1	紫铜	2∶1
件号	名称	数量	材料	比例

班级　　　　姓名

10-4 根据立体图和成套零件图绘制支顶装配工作图（四）

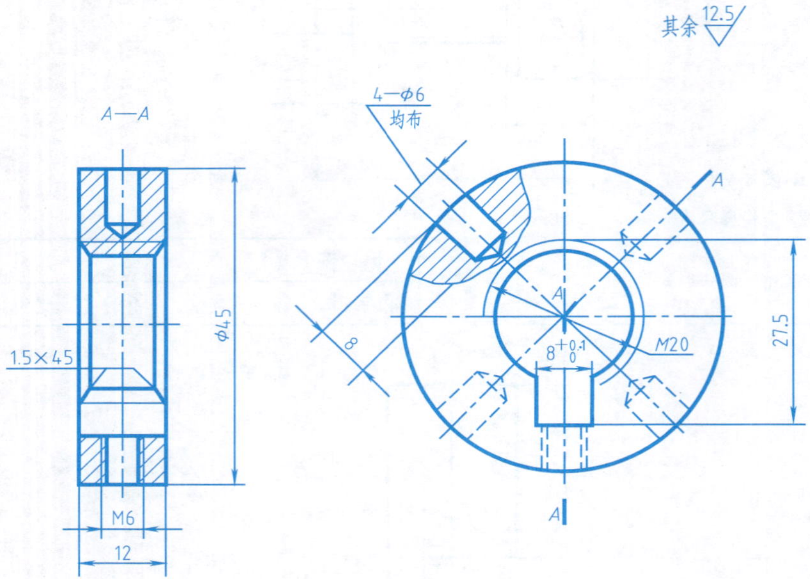

技术要求

1. 螺纹按2级精度制造。
2. 锐边倒钝。

3	螺母	1	35	1∶1
件号	名称	数量	材料	比例

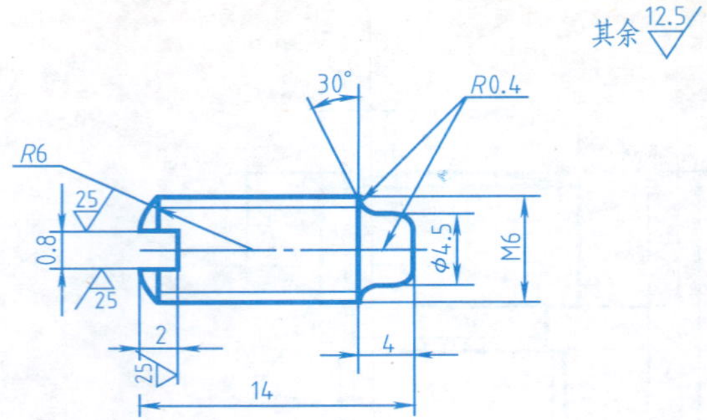

螺钉 M6×14 GB 75—76

2	螺钉	1	45	2∶1
件号	名称	数量	材料	比例

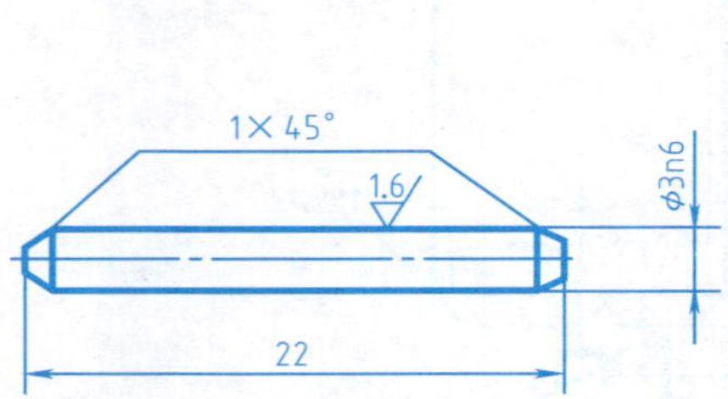

7	圆柱销	1	45	2∶1
件号	名称	数量	材料	比例

班级　　　　姓名

10-5 根据滑轮支座的装配图拆画滑轮支座所有零件的零件图，注意根据零件大小选择合适的比例并标注尺寸

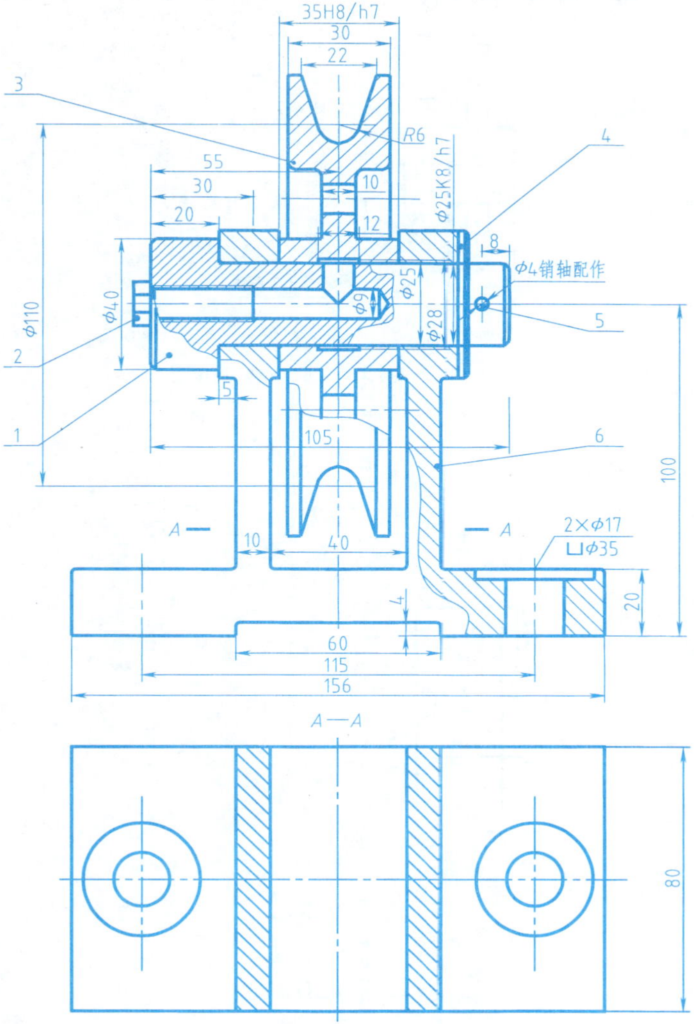

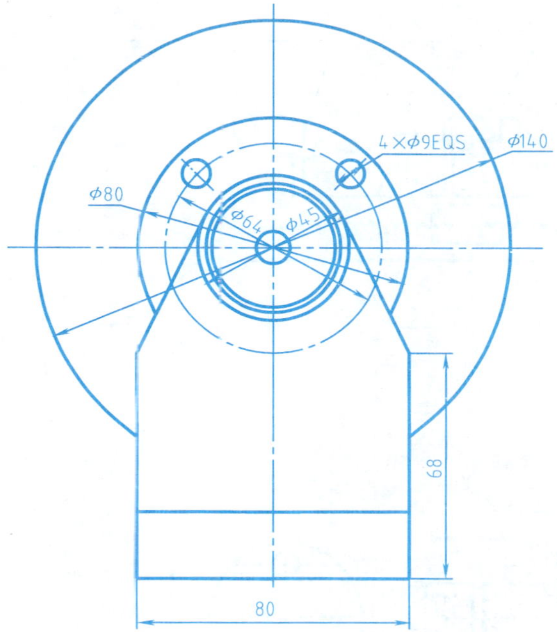

技术要求

未注圆角为 $R2\sim3$。

未注倒角为 $C1.5$。

6	支架	1	35	
5	开口销 4×30	1	Q235	GB/T 5783—2000
4	垫圈 25	1	HT200	
3	滑轮	1	Q235	GB/T 97.2—1985
2	螺栓 M10×25	1	Q235	GB/T 91—2000
1	销轴	1	HT200	
序号	名称	数量	材料	备注
滑轮支座		比例	重量	共 张 / 第 张 (图号)
制图		校名		
审核				

班级　　　　姓名

10-6 根据机用虎钳装配示意图和零件图拼画装配图（一）

机用虎钳装配示意图。

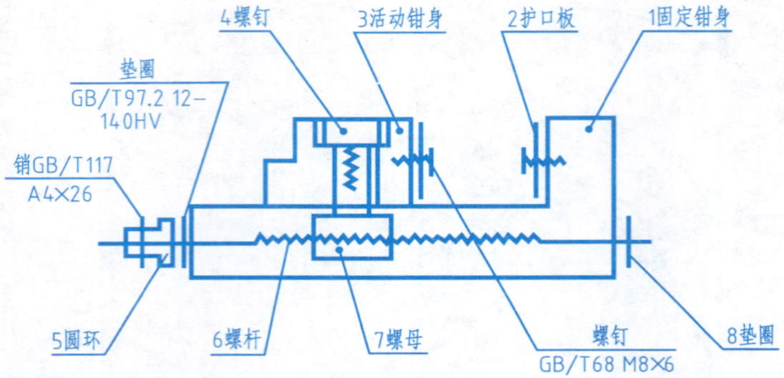

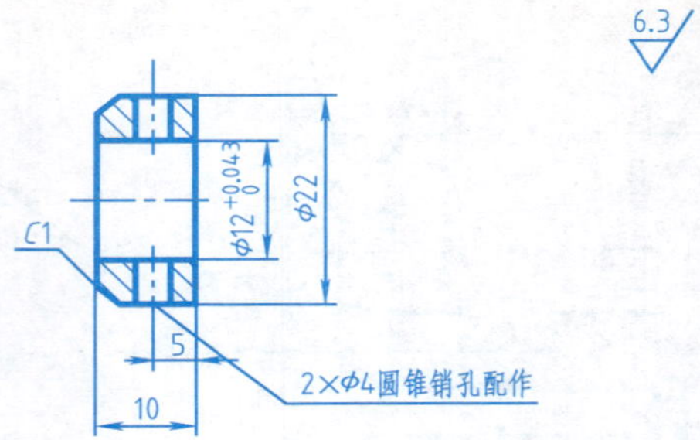

序号：5

名称：圆环

材料：Q235

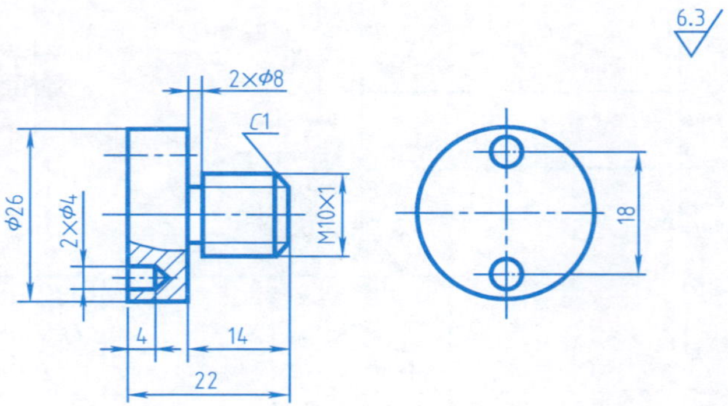

序号：4

名称：螺钉

材料：Q235

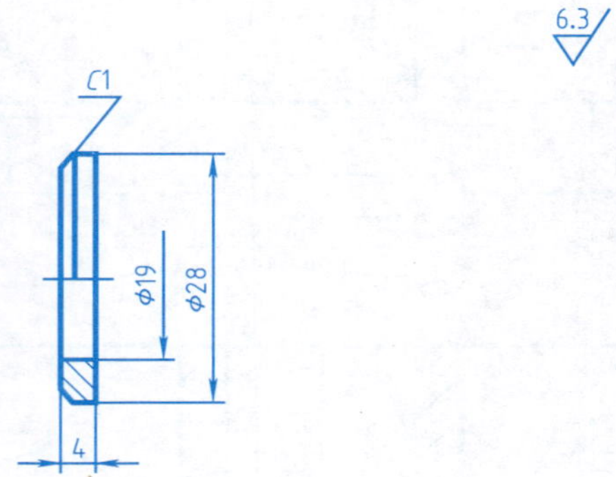

序号：8

名称：垫圈

材料：Q235

班级　　　　姓名

10-7 根据机用虎钳装配示意图和零件图拼画装配图（二）

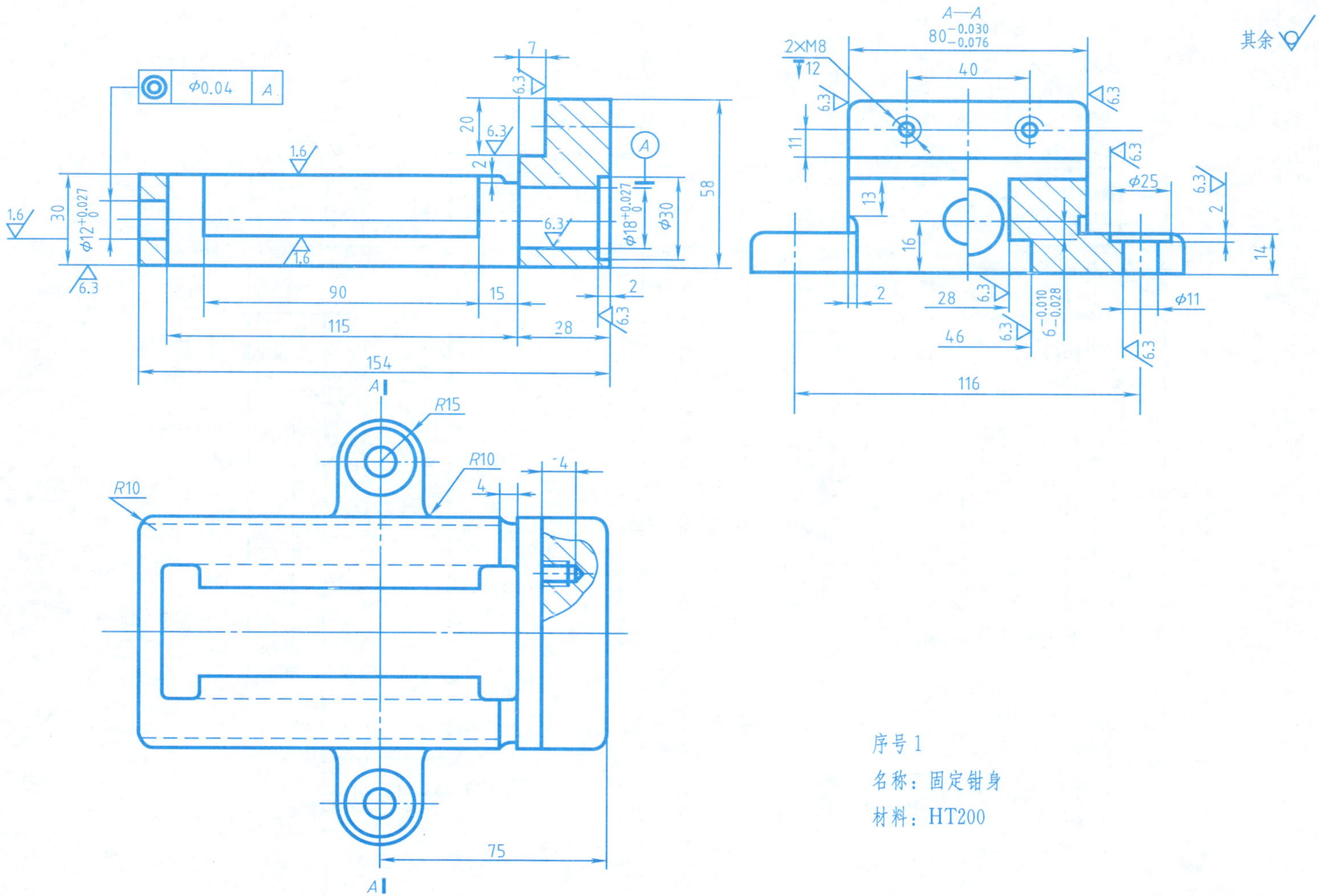

序号 1

名称：固定钳身

材料：HT200

班级　　　　姓名

10-8 根据机用虎钳装配示意图和零件图拼画装配图（三）

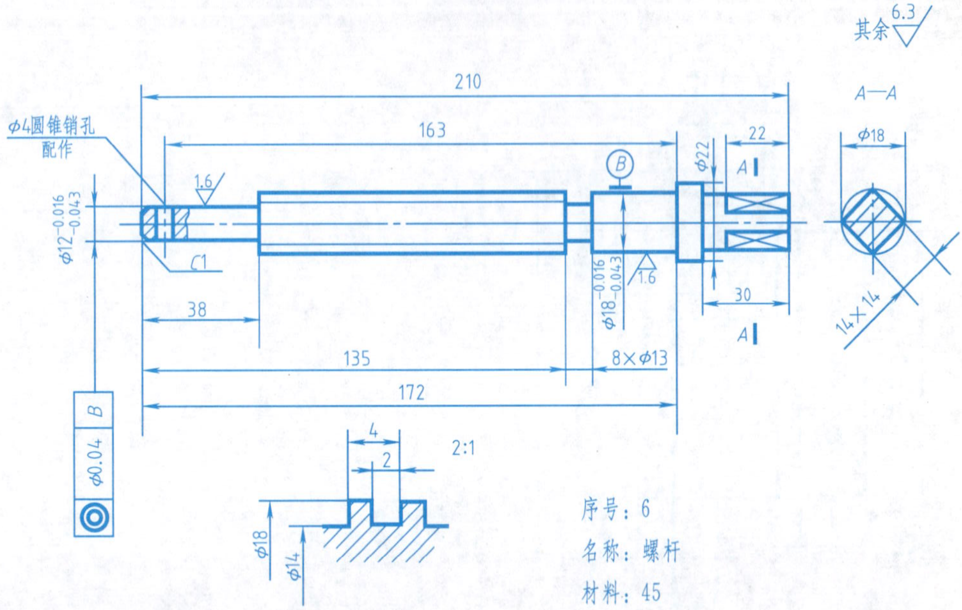

序号：6

名称：螺杆

材料：45

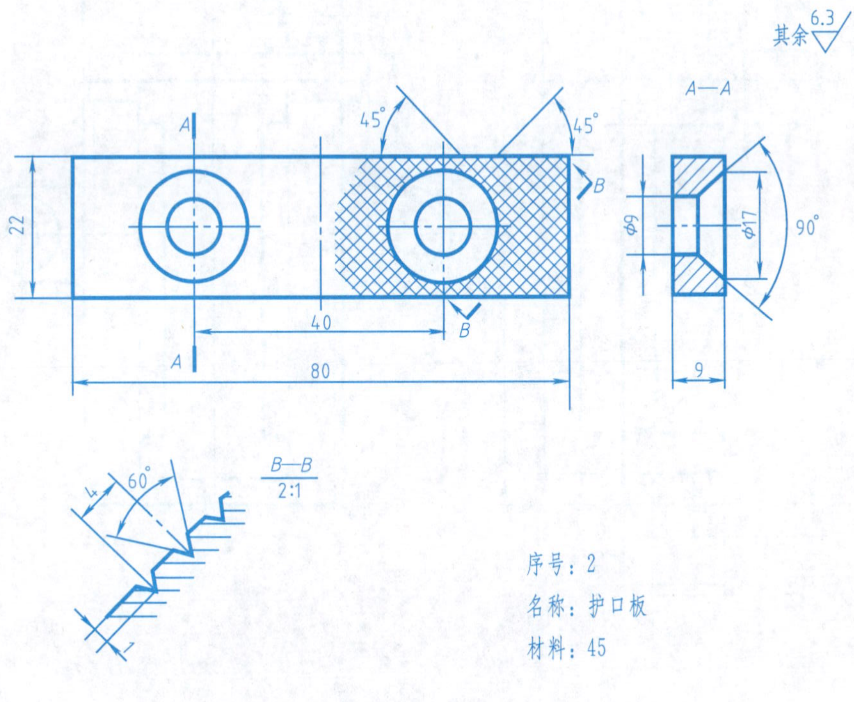

序号：2

名称：护口板

材料：45

10-9 根据机用虎钳装配示意图和零件图拼画装配图（四）

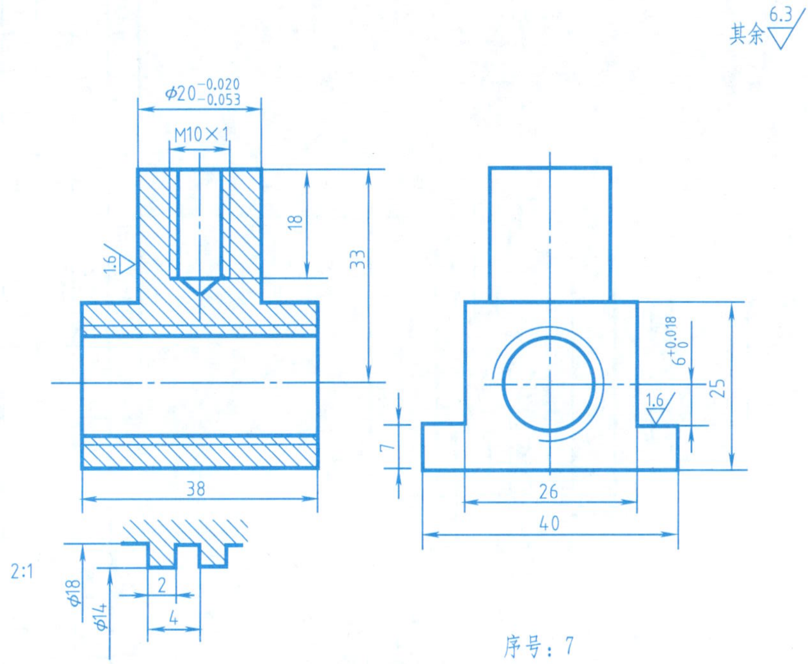

序号：7

名称：螺母

材料：35

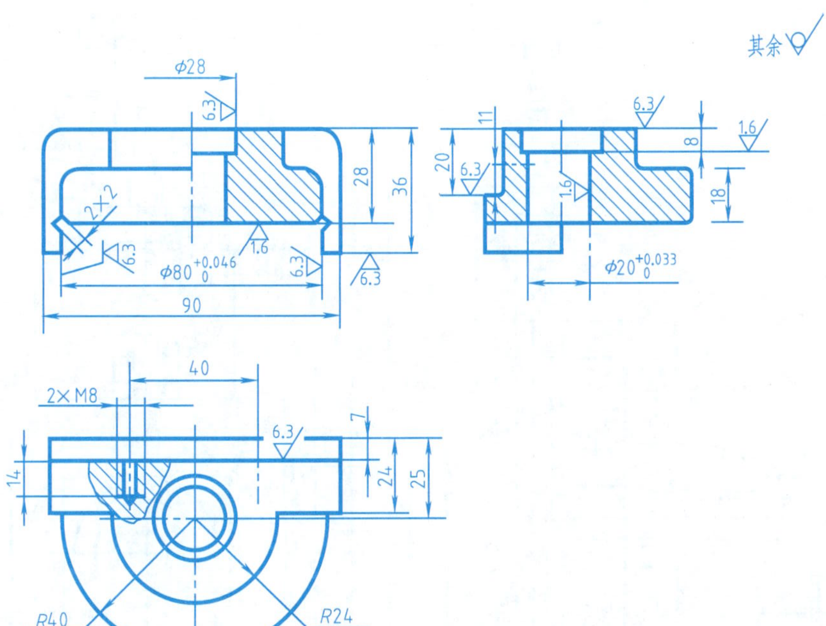

序号：3

名称：活动钳身

材料：HT200

10-10（a） 读刀架装配图，回答问题

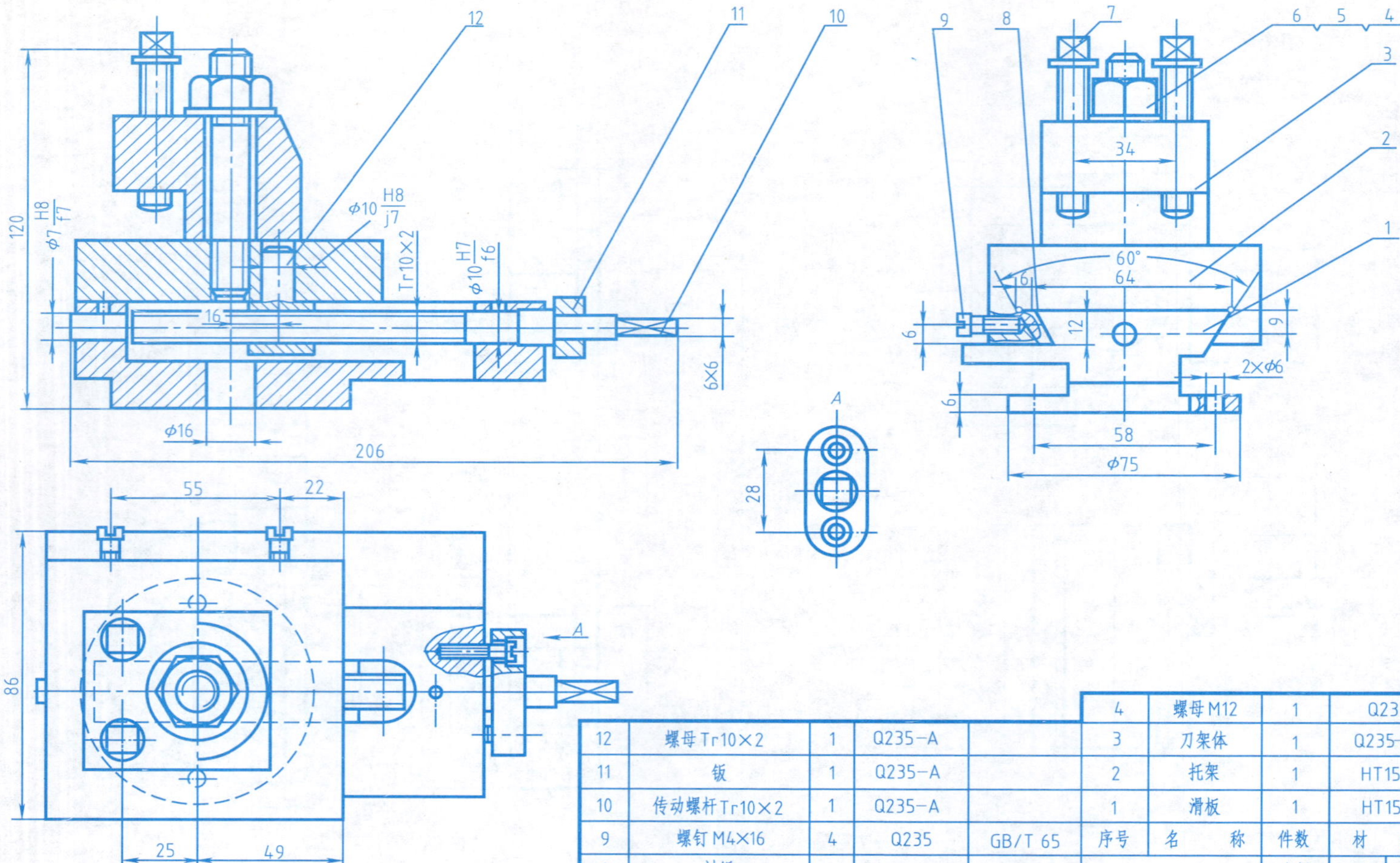

序号	名称	件数	材料	备注
12	螺母Tr10×2	1	Q235-A	
11	钣	1	Q235-A	
10	传动螺杆Tr10×2	1	Q235-A	
9	螺钉M4×16	4	Q235	GB/T 65
8	衬钣	1	Q235-A	
7	螺钉	2	Q255-A	
6	螺柱M12×65	1	Q235	GB/T 898
5	垫圈12-140HV	1		GB/T 97.1
4	螺母M12	1	Q235	GB/T 6170
3	刀架体	1	Q235-A	
2	托架	1	HT150	
1	滑板	1	HT150	

刀架		比例	重量	共 张	(图号)
		1:1		第 张	
制图			(单位)		
审核					

班级　　　　姓名

10-10（b） 读刀架装配图，回答问题

（1）该图共由______个图形组成，主视图采用了______剖视图，俯视图采用了______剖视图，A 是______视图。

（2）零件 12 的作用是______________________________。

（3）零件 10 上螺纹的牙型是______，大径是______，螺距是______。该零件右端剖面各对边之间的距离是______。

（4）零件 1 上左右各有一个小孔，其作用是____________________。

（5）"ϕ7H8/f7"表示孔轴之间是______制配合，配合种类是______。

（6）零件 2 和零件 3 是由__________连接。

（7）零件 8 的作用是____________________。

（8）简述此装配体的拆卸顺序____。

（9）简述此装配体的工作原理____。

（10）此装配体的总体尺寸是____________________，配合尺寸有____________________。

班级　　　　　　姓名

10-11 (a) 读手压阀装配图，回答问题

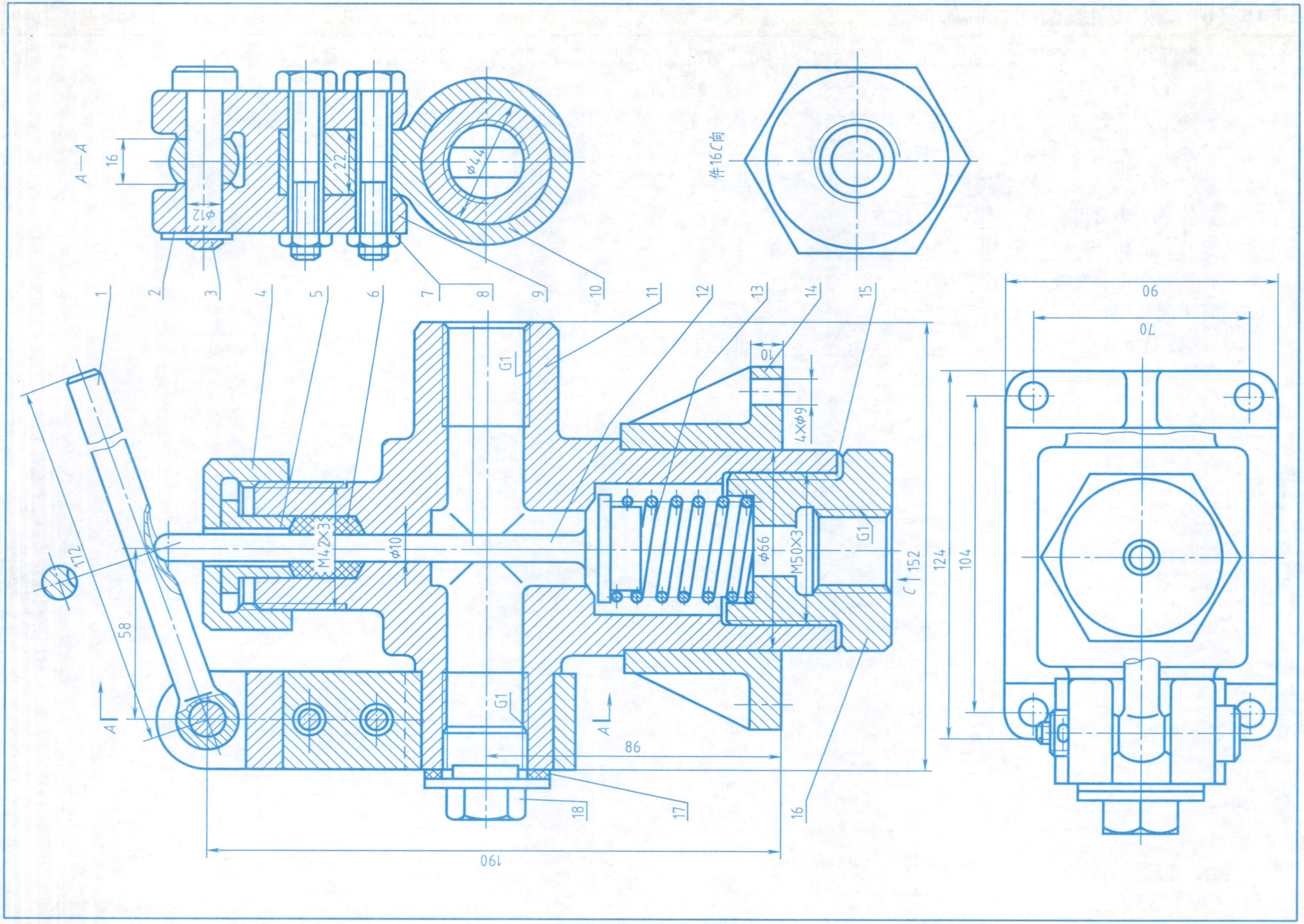

班级　　　　姓名

10-11（b） 读手压阀装配图，回答问题

三通阀明细表

18		螺塞	1	Q235-A	
17		垫片	1	橡胶	
16		管接头	1	Q235-A	
15		垫片	1	橡片	
14		安装架	1	HT150	
13		弹簧	1	65Mn	
12		阀门	1	45	
11		阀体	1	HT200	
10		支架	1	10	
9		叉形架	1	Q235-A	
8	GB/T 5782	螺栓 M10×65	2	Q235-A	
7	GB/T 6170	螺母 M16	2	Q235-A	
6		填料		油浸石棉绳	
5		填料压盖	1	Q235-A	
4		盖螺母	1	30	
3		小轴	1	Q235-A	
2	GB/T 91	开口销	1	15	
1		手柄	1	20	
序号	图号或标准号	名　称	数量	材料	备注

（1）本装配图有______个视图组成。主视图采用______剖视图的方法主要表达______和______。

俯视图的外形。左视图采用______剖视图，目的是表示______。

（2）件 11 与件 9 用______连接。

（3）件 6 ______（材料）制成，件 17 用______（材料）制成，件 17 用______（材料）制成，他们起______作用。

（4）认真分析此三通阀的工作原理，并将起写在下面空白处。

班级　　　　　　姓名

10-12　计算机绘图练习

1. 用计算机绘制 10—2、10—3、10—4 千斤顶的各零件图，然后拼画其装配图。
2. 用计算机绘制 10—6、10—7、10—8、10—9 虎钳的各零件图，然后拼画其装配图。

班级　　　　　　姓名

项目十一　三维实体的绘制

11-1　绘制如下图所示的三维实体

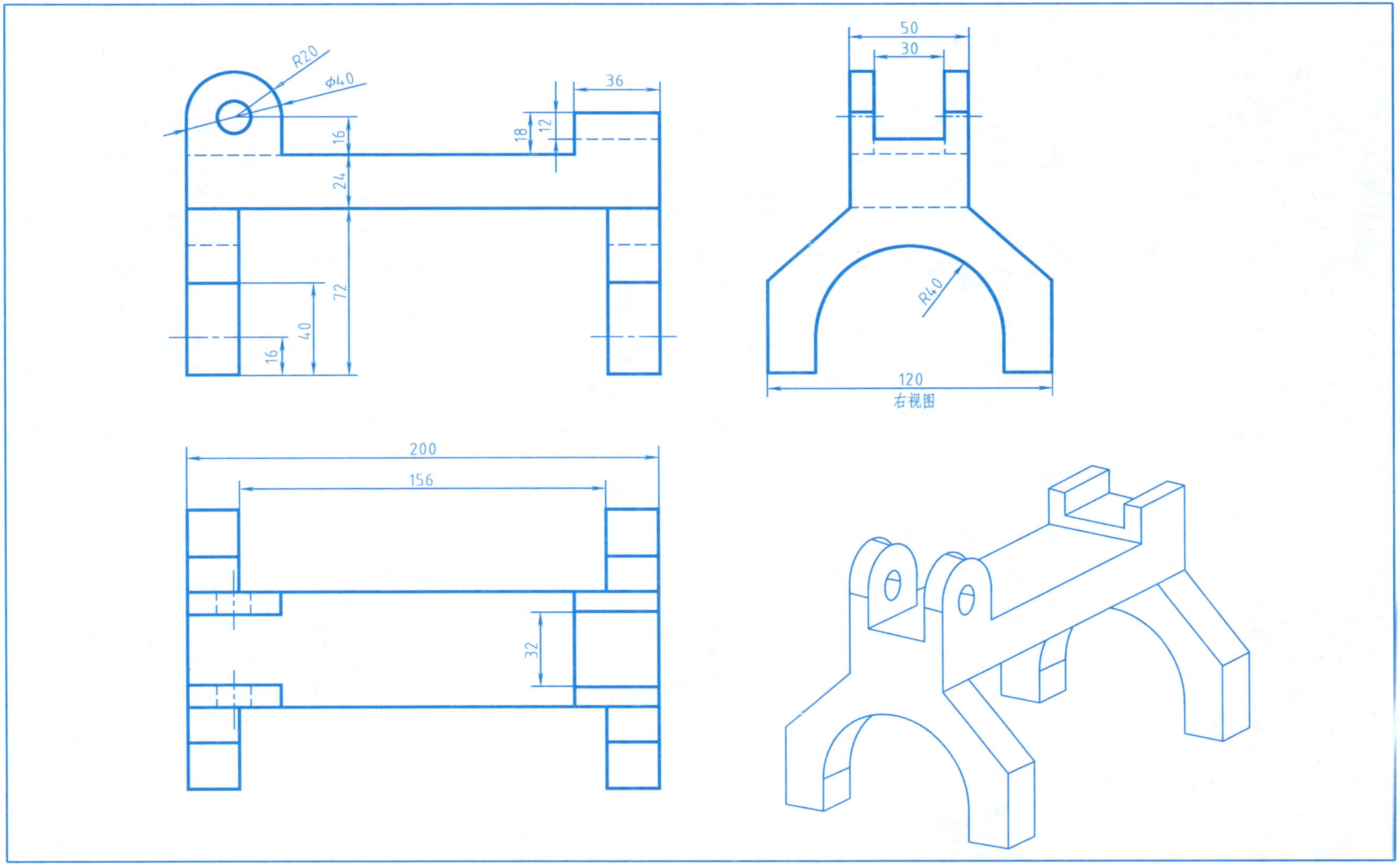

班级　　　　　　姓名

参考文献

[1] 李澄，吴天生，闻百桥．机械制图习题集．第2版．北京：高等教育出版社，2003.

[2] 王兰美，孙玉峰．现代工程设计制图习题集．北京：高等教育出版社，1999.

[3] 陈彩萍．工程制图习题册．北京：高等教育出版社，2003.

[4] 钱可强．机械制图习题册．北京：化学工业出版社，2001.

[5] 周鹏翔，刘振魁．工程制图习题集．北京：高等教育出版社，2002.

[6] 夏华生，王梓森，杜兴亚，王其昌．机械制图．第2版．北京：高等教育出版社，1997.

[7] 胡学新，孙焕利．机械制图习题集．北京：机械工业出版社，2006.

[8] 莫章金，周跃生．AutoCAD2002工程绘图与训练．北京：高等教育出版社，2004.

[9] 寇世瑶．机械制图习题集．北京：高等教育出版社，2004.

[10] 导向科技．AutoCAD2002机械设计培训教程．北京：人民邮电出版社，2003.

[11] 宋巧莲．机械制图与计算机绘图习题集．北京：机械工业出版社，2007.